青少年科普图书馆

图说生物世界

植物也有感情

——植物共生

侯书议 主编

上海科学普及出版社

图书在版编目(CIP)数据

植物也有感情 : 植物共生 / 侯书议主编. —上海: 上海科学普及出版社, 2013.4（2022.6重印）

(图说生物世界)

ISBN 978-7-5427-5597-1

Ⅰ. ①植… Ⅱ. ①侯… Ⅲ. ①植物共生—青年读物②植物共生—少年读物 Ⅳ. ①Q948.12-49

中国版本图书馆 CIP 数据核字(2012)第 271769 号

责任编辑 李 蕾

图说生物世界

植物也有感情——植物共生

侯书议 主编

上海科学普及出版社

(上海中山北路 832 号 邮编 200070)

http://www.pspsh.com

各地新华书店经销 三河市祥达印刷包装有限公司印刷

开本 787×1092 1/12 印张 12 字数 86 000

2013 年 4 月第 1 版 2022 年 6 月第 3 次印刷

ISBN 978-7-5427-5597-1 定价：35.00 元

图说生物世界

编　委　会

前言

植物会有感情吗?问这个问题好像挺傻的!我们都知道,包括人类在内的众多动物之所以会有感情,主要是因为我们和动物的身体内有中枢神经系统,它能够接收到来自身体各个部位的信息,并经过一定的加工,最后再将这些信息传输出去。感情就属于中枢神经系统的一种基本功能。

植物是没有中枢神经系统的,那么是不是就意味着植物本身就没有感情呢?

事实不是这样的,植物也是有感情的。美国科学家曾经做过一个非常有意思的实验:将两株植物放在一个房间里,让一个人把其中一株毁掉,然后让"凶手"和另外五个人混在一起,他们分别戴上口罩,并依次从那株活着的植物面前经过。其他人经过那株植物的时候,安装在那株植物上的仪器都没有什么反应,可是当"凶手"经过时,这株植物上的仪器就留下了强烈的信号显示,这个实验说明了植物能够认出"凶手",而且还会对凶手产生恐惧心理。由此可以看出,植物也是有感情的。

看过了这个实验，大家是否认可植物也是有感情的呢？确实如此，像大多数动物一样，植物的感情世界也是非常复杂的，这种复杂关系不仅表现在植物跟植物之间，还表现在植物跟动物之间。它们有的可以见面互掐，有的可以将对方置于死地，比如：玫瑰不能见到木犀草，它们相见以后就会相互排挤；黄瓜跟西红柿在一起也会天天赌气。不过，植物之间，甚至植物跟动物之间，也可以成为相互扶持、相互帮助的生死之交，比如大豆跟蓖麻在一起能够互惠互利，而橡树跟松鼠同样会相互帮助。

总之，植物的感情世界非常有趣，如果你想了解更多有关植物的感情故事，不妨阅读一下这本书。在本书中，作者将会带着你走进植物的情感世界，去体会一下植物的感情，相信你一定会觉得这是一件非常有趣的事情。

目录

植物也有感情

植物的亲情世界

植物也需要友情

拿起武器去战斗

植物的生存之道

植物也会报复

植物也有感情

关键词：植物感情、植物心理学、测谎仪、三叶鬼针草、植物血型

导　读：据科学家实验证明，植物与其他生物一样，具有感情，它们会因外部环境的变更，而采取相应的“情感反射”，不但植物有感情，在植物界，还有类似于人类一样的“血型”之分。

植物感情简史

中国有句俗语，叫做“人非草木，孰能无情”，可是这种说法其实

并不准确。因为根据很多科学家的调查来看，植物也是有感情的。植物的感情包括：植物与植物之间不但能够交流、协作，而且，有些植物还能够跟动物交流、共生。

也正因为如此，“植物心理学”作为一门新兴学科随之诞生。它的诞生，让更多的植物学家开始关注植物的感情世界，并投入到了植物的情感研究当中。

第一个提出植物也有情感的人是巴克斯。巴克斯并非专业的植物学家，他原本是美国的一个情报专家。

1966 年，巴克斯给家里的花草浇水，看着这些美

丽的花花草草，他脑海里突然闪现出一个奇怪的念头："如果把给间谍们使用的测谎仪，给这些植物测试一下会有什么结果呢？"这真是一个神奇的想法啊！于是，巴克斯就把测谎仪绑在了一棵植物身上。

接下来，奇妙的事情发生了，巴克斯惊奇地发现，当这株植物身体里的水慢慢从根部流到全身各处的时候，测谎仪显示出的曲线图形，居然跟人类在情绪激动的时候显示出的曲线图形有着惊人的相似。难道植物也是有感情的吗？它们要是真有感情的话，这简直太不可思议了！

于是，巴克斯又进行了另一个实验。首先，他将一台记录测量仪进行改装，之后再将这台测量仪与一棵植物相连，接着点燃一根火柴，将植物的一片叶子烧焦。等到他点燃第二根火柴，再次靠近植物的时候，神奇的事情再次发生了：随着火柴越靠近植物，仪器上的指针跳动得就越厉害，当火柴几乎要烧到叶子的时候，记录仪上的指针几乎就要超出记录纸的边缘。很显然，这棵植物已经产生了恐惧的心理。

接下来的实验更有意思。巴克斯再一次点燃火柴，只是慢慢地靠近植物，而不会真的烧到植物，植物的指针就没有第二次火柴燃烧时跳动得那么厉害了。随着重复次数的增多，指针跳动得就越来越迟缓，以至于记录仪上的曲线变得越来越平直。这就意味着这棵

植物或许已经意识到火柴的燃烧对自己根本就构不成威胁了。

通过这一系列的实验，巴克斯得出一个结论：植物也是有感情的。针对巴克斯的这一研究发现，有的科学家非常支持他的观点，认为植物跟动物一样也是有感情的，它们的感情是以其身体内部的化学反应为基础，当受到刺激时，它们身体内部就会发出一些信号，致使身体作出一些相应的化学反应，然后带动植物对外界的刺激作出反应。

但是，也有人持反对意见，认为植物体内并不像动物的体内有很多的神经组织，没有神经组织的生物体怎么可能会有感情呢？

反对最激烈的当属美国的科学家麦克。麦克本来打算也用实验得出来的结论来反驳巴克斯，然而没有想到的是，麦克在做了一系列的实验之后，态度发生了 180° 的大转弯，他居然和巴克斯站在了同一条战线上。

原来，麦克在做实验的过程中发现，当一棵植物的叶子被撕下来的时候，它的身体会作出明显的反应。不仅如此，麦克还发现，这些植物们还会因为他对它们做了不同程度的“好事儿”或者“坏事儿”而作出不同的反应。

于是，麦克相信，植物是有感情的，并且它还像人类一样有自己的心理活动。

除了巴克斯和麦克以外，很多科学家们也做过不同的实验，他们都在不同程度上证明了植物可能确实存在着感情。比如，法国的科学家们就证明了植物其实跟动物一样也是有记忆的。记忆是心智活动的一种，也是感情的一部分，如果植物有记忆，那说明植物也是有感情的。

植物有记忆这个说法虽然听起来有些奇怪，但是法国的科学家们确实在实验中发现了一些有趣的现象。

法国科学家的实验对象是一种名叫三叶鬼针草的植物。在三叶鬼针草刚长出两片嫩叶的时候，他们先把其中的一片叶子用针刺几个小孔。

几分钟后，再把这两片嫩叶都切掉，让这棵三叶鬼针草重新长叶子。大约过了五六天以后，这棵三叶鬼针草又长出了新的叶子，不过神奇的是，曾经受到针扎的那边的叶子，长势远远没有未受到针扎的那一边的好。

这就说明，植物是存在记忆的，它们不会立刻就忘记曾经受到的伤害，这种伤害会影响到它们的生长。

不仅如此，科学家们认为植物虽然没有血液，但是它们内部有着跟动物相同作用的液体，这些体液跟动物体内的血液的成分是相似的，大多都是由蛋白质、水和糖类等成分组成，这些体液也可以说

是植物的“血液”,而植物“血液”中也有跟人体类似的血型。

第一个发现植物也有血型的人是日本的一个法医,这个法医在化验一个死者的血型时,对死者枕头上的荞麦皮也进行了化验。然而让他吃惊的是,荞麦皮居然和死者有着相同的 AB 型“血液”。法医的这个发现在当时引起了非常大的轰动,这使得更多的人投入到植物的血型研究中去。

科学家在研究植物“血型”的过程中,研究了大概有 150 种植物,他们从中发现了 19 种植物血型。比如,发现桃子、李子的血型是 AB 型,而南瓜、辣椒的血型则是 O 型。

我们人类性格迥异,有的活泼开朗,有的犹豫沉闷,这跟我们身体里的血型是有一定关系的。植物也有血型,那是不是就意味着植物也有不同的性格呢?

科学家们除了发现植物有记忆和血型以外,还发现植物之间也存在着友谊和仇视。好朋友之间会相互照顾,相互扶持;而仇敌之间会相互攻击,甚至将对方置于死地。植物和动物之间也有合作关系,它们互惠互利、彼增我长。

除此之外,科学家们还发现,植物还会想尽各种办法保护自己的生命安全,有的植物甚至还会在受到动物侵害的时候予以报复性还击。另外,科学家们还发现,植物还对音乐很感兴趣,不仅如此,不同的植物还可以对不同的音乐产生兴趣。

前边列举的这些事实，都无一例外地告诉我们，植物是有感情的。尽管这种说法在科学界还没有被完全确认。但是，随着科技的发展，科学家们迟早会给我们一个明确的答案。

植物的亲情世界

关键词：植物亲情、调节温度、车前草、遮挡炎日、高山蓟、教育后代、吊钟花

导　读：通常情况下，人们并不太了解植物的真正生活，而植物的生活世界却丰富多彩，并与其他生物一样，具有无限的植物本性，其中，拥有亲情也是植物的特征之一。

植物也有亲情

亲情是这个世界中最无私的情感，它是基于血缘关系才会拥有的情感，这种情感是极纯粹的，不论善恶或者美丑，贫穷或者富有，给予亲情的一方，都会将自己的爱全部无私地奉献给对方。

提到亲情，在我们看来好像是人类的专利。因为人毕竟是高等动物嘛。可能动物之间也有亲情，如母狮与幼狮，母鸡与雏鸡……但事实也不尽然，在植物界中，同种植物之间也有亲情。比方说一棵蒲公英繁育很多的后代，这些后代之间就像人类一样是兄弟，是姐妹，而繁殖它们兄弟姐妹的那棵蒲公英就是它们的母亲。

而且最重要的一点是，同种植物之间对待自己的同族要比非同种的植物要好。这个现象也正如动物世界中的情况一样，比如狮子妈妈会无微不至地照顾自己的幼子，并保障它不受到伤害等，植物也会对自己的后代给予无微不至的关怀和呵护。比如草本植物车前草会给自己的孩子调节温度；而高山蓟知道帮助孩子遮挡炎炎的烈日；更厉害的要数吊钟花了，它还能教育自己的后代……

这些植物之间的亲情体现，再一次证明了植物也是有亲情的。

能帮子女调节温度的妈妈——车前草

你见过母鸡孵化小鸡的过程吗?母鸡为了能让自己的孩子们安全地破壳而出,必须整天将鸡蛋藏在自己的身体之下,目的就是为了给孩子足够的温度。其实在生物界中,不单是动物,很多植物也为了能让自己的种子得到良好的生长条件,会帮助自己的孩子调节温度。其中最有代表性的植物就是车前草。

车前草,人们把它叫做车轮菜,是一种多年生的草本植物。这是一种个子比较高的草本植物,一般成年的车前草的身高可以达到50 厘米左右。首先发现车前草能帮助种子调节温度的是一个叫伊丽莎白·蕾希的人。蕾希是美国卡罗莱纳大学里一个比较有名的科学家,他在做一项研究的时候发现车前草的这个秘密的。

车前草是一种在茎顶上开花的植物,它的花朵非常瘦小,在这瘦小的花朵下就是花苞片。花苞片是它的“育儿室”,种子就是在“育儿室”中孕育的。有一个现象值得注意:夏天的时候,花苞片的颜色是浅色的,但是随着秋天的到来,花苞片的颜色居然会慢慢地变深。奇怪的是,这些车前草为什么调节花苞片的颜色呢?这让伊丽莎白·

蕾希非常好奇。于是，他在夏季和秋季分别对花苞片中的温度进行了测量，结果发现，这个小小的“育儿室”内的温度，并没有因为秋季的到来而跟夏季的温度发生太大的变化。蕾希这才意识到，原来车前草调节花苞片的颜色是在调节“育儿室”的温度。

夏季的时候，由于气温比较高，车前草妈妈担心花苞片里的孩子会因为天气太热影响生长，就把花苞片的颜色调节得浅一些，这样可以少吸收一点儿太阳光，不至于使“育儿室”里的温度太高。而到了秋天，由于温度降低了，车前草妈妈就把花苞片的颜色调得深一些，这样就可以更多地吸收太阳光，让花苞片中的室温和夏季时候差不多。据研究发现，车前草变幻花苞片的颜色，可以让“育儿室”的温度增加 0.2℃至 2.6℃。车前草在这种恒温的环境中是非常有益于生长的。

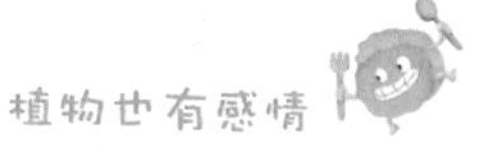

帮孩子遮挡炎日的妈妈——高山蓟

你还记得小时候突然下起大雨的场景吗?妈妈为了不让你淋到雨,将伞全挡在了你的头上,自己最后却全身湿透了。你还记得那炎炎的烈日吗? 妈妈为了不让炎热的太阳灼伤到你那娇嫩的皮肤,将自己的衣服披到了你的身上,自己却被太阳晒红了胳膊。这就是伟大的母爱啊!你们知道吗?不仅我们人类的妈妈有这么伟大,植物的妈妈也是一样的,为了能够让自己的种子顺利地成长,不惜用自己的身体为种子遮挡炎热的太阳,其中最具代表性的就是高山蓟。

高山蓟是生活在高山寒原上的一种蓟类植物,花朵一般呈紫红色。它们的生活环境非常恶劣,一般生活在海拔 4000 多米以上的岩石上,这些地方昼夜温差非常大,白天烈日炎炎,晚上却寒风刺骨。在这样恶劣的自然环境中,高山蓟却要完成生根、发芽、生长、开花、结子的一系列生命过程。看到这里你肯定非常好奇,高山蓟是依靠什么样的绝技能够在如此恶劣的环境中完成这么复杂的生命过程呢? 回答是:高山蓟的母爱。

很多植物的种子在成熟以后,就会被风或者一些动物带到别的

地方去，比如蒲公英的种子在成熟后，会被风带到世界的各个角落。高山蓟的种子则不然，它们成熟以后还是不想离开妈妈，会在妈妈的身边找一个地方作为自己的家安定下来。而高山蓟妈妈等种子落地以后，就会选择一个合适的机会压在这些种子的身上。这样一来，再热毒的太阳，再凛冽的寒风，对高山蓟的种子来说都不构成威胁了，因为它们的妈妈早已用身体把这些威胁全都挡在外边，高山蓟的种子就可以在温暖湿润的环境中顺利地生长了。

据科学家研究发现，高山蓟的种子在高山蓟妈妈的呵护下成长，成活率可以提高四倍。在如此恶劣的生活环境中有如此高的成活率，也只有母爱的力量才能做得到吧！

教育后代成长的妈妈——吊钟花

妈妈是我们人生的启蒙老师，动物们也是如此，它们的父母基本上要承担孩子所有的教育任务。比如，猫妈妈会教自己的孩子捕捉老鼠，虎妈妈要教自己的孩子捕捉猎物。更有意思的是，不仅动物的妈妈会教育下一代，植物的妈妈居然也会教育下一代，其中最具代表性的植物就是吊钟花。

吊钟花属于一种灌木或者小乔木，属于杜鹃花科。它的花朵非常有意思，就像一口倒挂的钟，所以人们给它起了个名字叫吊钟花。吊钟花是一个非常奇异的物种，它对生活环境不太挑剔，不管是在阳光充足的地带，还是在没有阳光照射的树荫底下，它们都能生活得非常好，这些良好的习性来自妈妈对孩子们的教育。

美国弗吉尼亚大学的植物学家劳拉·加洛专门研究吊钟花，她和同事做了一个实验。

实验是这样的：他们先从森林里分别采来生长在阳光地带和背阴地带吊钟花的种子，然后将这两种不同环境采来的种子又分别分成两组，将一组背阴吊钟兰的种子和一组阳光吊钟兰的种子种在阳

光地带，而剩下的种子则种在了背阴地带。经过一段时间后，加洛和同事发现，在阳光地带中采来并种在阳光下的种子，生活得非常好，从背阴地带采回来的种子种在背阴地带的长势好，而反向种植的种子长势都不太好。

通过这个实验，加洛和同事得出一个结论：那就是植物在孕育种子的时候，不断地“教育”这些种子，告诉它们怎样的环境会更适合它们的生存，所以，生活在阳光地带的吊钟兰还是喜欢有阳光的环境，而背阴地带的吊钟兰还是喜欢背阴的环境，可见植物妈妈对孩子的教育影响会有多大。

植物也需要友情

关键词：植物友情、洋葱、胡萝卜、小麦、大豆、蓖麻、玉米、豌豆、大蒜、棉花、月季花、韭菜、山苍子、油茶、刺槐、植物友情网

导　读：除感情、亲情之外，植物也有“友情”。这种植物与植物之间的“友情”建立，乃是根据植物本身特性而决定的。

植物与植物之间的友情

我们前面讲到，植物竟然有与动物一样的亲情，这个看似离奇的事情，却是真实存在的。

那么有人会问了，既然植物有亲情，那么植物与非同种类的植物之间有友情吗？告诉你吧，有。

其实，植物跟我们人类一样，互相之间也有着深厚的友情。比如洋葱与胡萝卜之间存在互相帮扶的友情，洋葱身上辛辣的气味，可以帮助胡萝卜驱赶走害虫；蓖麻身上含有的一种化学物质，可以帮助大豆驱赶走金龟子，大豆从而避免了金龟子的蚕食；大蒜体内的大蒜素，能够帮助棉花除去身上的害虫棉蚜虫；而韭菜根部产生的化学物质杀菌素，则可以帮助白菜铲除根腐病；如果把山苍子(花椒树)与油茶树种在一起的话，两者都能生长得很好；而葡萄架下栽种上紫罗兰，也能互相受益……

植物之间通过对方的优点来抵抗自身的缺陷，或者一种植物对另外一种植物的帮助，这种现象我们可以看做是植物与植物之间的友情。

洋葱跟胡萝卜、小麦都是好朋友

洋葱是我们日常生活中常见的一种植物，它的适用范围非常广，在中国的大拌菜中可以见到它，在西餐的各种烤肉中也会经常看到它。洋葱的原产地到底在哪里呢?人们已经搞不太清楚了，不过很多人认为洋葱的原产地是在伊朗和阿富汗的高原地区。公元前1000年，洋葱在埃及出现，后来又从埃及传到地中海地区，到了20世纪的时候，洋葱才千里迢迢地来到了中国。

洋葱非常乐于助人，在植物界中有着“田间大夫”的美称。在田间，植物们一旦有了困难，洋葱都喜欢帮上一把。因为它喜欢帮助别人，所以洋葱在植物界中有很多的好朋友。

洋葱身上的气味虽然闻起来有点儿辛辣，但是对于洋葱的朋友们来说可是个好宝贝。

首先，洋葱身上的气味可以帮助胡萝卜迷惑胡萝卜身上的“种蝇”等害虫。“种蝇”是一种世界性害虫，它的幼虫专吃刚刚开始萌芽的种子或者已经长出小嫩叶的子幼苗。

而胡萝卜的幼苗被这些虫子咬了以后，它的地下组织就会受到

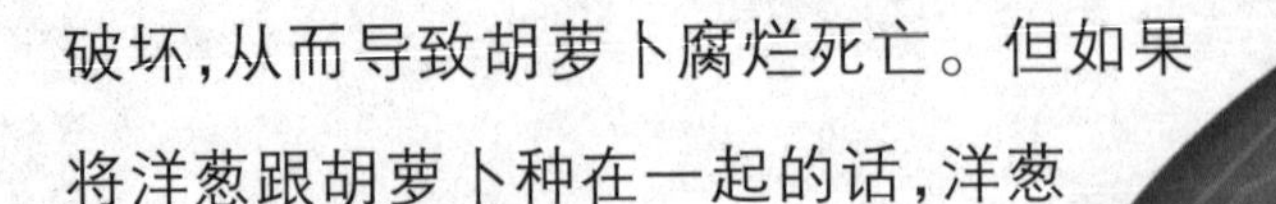

破坏，从而导致胡萝卜腐烂死亡。但如果将洋葱跟胡萝卜种在一起的话，洋葱身上的气味就会将胡萝卜身上的种蝇迷惑住，从而让这些害虫失去破坏胡萝卜的能力。

这有点儿像武打片中，一些江湖人士使用的迷魂香，要想战胜对方，先用迷魂香把对方迷惑住，这样自己就会免于受到对方的攻击。值得一提的是，胡萝卜的气味也能帮助洋葱将身上的病虫害赶走，所以说胡萝卜跟洋葱是相互帮助的好朋友。

洋葱身上的气味还能帮助小麦对付身上的有害病菌。小麦黑穗病是小麦中普遍存在的一种病害，当小麦受到黑穗病侵害的时候，它的子穗表面上看起来跟正常的小麦没有什么区别，可是里边的麦粒却变成了一个个的小黑包，等到小麦成熟以后，这个小黑包里不是小麦，而都变成了黑粉。

如果一棵两棵小麦有黑穗病的话，可能并无大碍，但如果一大片的小麦都感染了黑穗病菌的话，将会使辛苦一年的农民颗粒无收。如果将洋葱跟小麦种在一起的话，那就不用担心小麦黑穗病的问题了。

因为洋葱身上的气味能直接将黑穗病菌的种子——黑穗病孢子杀死，这就等于将小麦身上的有害菌扼杀在摇篮当中了。像这么好的朋友，小麦是打着灯笼都难找到啊，所以小麦喜欢跟洋葱生活在一起。

除了胡萝卜跟小麦是洋葱的好朋友以外，韭菜、草莓、生菜也是洋葱的好朋友，它们在一起生长时也能相互帮助。

大豆喜欢与蓖麻相处

大豆，古代人又称为菽，《诗经》中有“中原有菽，庶民采之”之句，就是描写当时的古人采摘豆子的场景。

大豆的营养价值非常高，在它小小的身体当中含有丰富的蛋白质、各种微量元素和氨基酸等。我们经常吃的豆腐、豆浆、豆腐脑等，这些都是大豆经过人类的巧妙加工以后制成的，不仅营养丰富，还味道鲜美。

大豆是个好宝贝，但是种植起来却不容易，因为它们的病虫害比较严重。有一种名叫大豆金龟子的害虫，简直就是大豆的克星。大豆金龟子又被人们称为黑豆虫、瞎撞子。一听这名字就知道是个长得非常黑的家伙，这个黑家伙不仅是大豆的克星，还会危害花生、玉米等。金龟子危害大豆主要是危害大豆的幼苗，它把大豆的幼苗当成食物。如果大豆的地里金龟子多的话，这块地里的大豆很可能都被这黑家伙吃个精光。

怎么消灭这些烦人的金龟子，是个让农民很头疼的问题。现在都讲究吃绿色食物，如果给这些大豆撒农药的话，这些大豆就达不到绿色标准了，那么到底该怎么办呢？其实大豆在植物界中也是有好朋友的，它的好朋友不仅能帮它赶走这些烦人的金龟子，还不会

破坏大豆的绿色标准。大豆的这个神奇的好朋友就是蓖麻。

蓖麻是一种草本植物，它的叶子为“盾形”，蓖麻的种子可以榨油，但是这种油却不能够食用，因为蓖麻种子里边含有蓖麻毒素，如果我们误食了蓖麻油会导致中毒。

蓖麻叶子里也含有蓖麻毒素。蓖麻毒素虽然对人体有害，但是对大豆来说却是个好宝贝，它可以帮助大豆对付金龟子，金龟子吃了含有蓖麻毒素的蓖麻叶子后会中毒而死，所以很多金龟子只要一闻到蓖麻叶子的气味都会望而却步。从这一点来讲，蓖麻的气味也可以帮助大豆驱赶金龟子。科学家的实验也证明，如果在每亩大豆地中种上 350~400 棵蓖麻，就能够有效地帮助大豆对付金龟子这个黑家伙。

玉米和豌豆是对好搭档

玉米，也称苞谷、苞米或棒子等。玉米是全世界总产量最高的农作物。因为它产量高，所以在用途上也要比一般的农作物要广，它既可以做食物，又可以做饲料，另外，在工业上它还能作出巨大贡献。

世界上最先开始种植玉米的是美洲的印第安人，他们在 7000 多年前就已经开始种植玉米了，直到 16 世纪中期的时候玉米才传到中国。玉米产量很高，在解决我国人民的温饱问题上作出了很多贡献。

豌豆是一种豆科类的植物，又叫寒豆、麦豆或雪豆等。豌豆的用途也很广，豌豆苗和豌豆不仅可以做蔬菜炒着吃，种子晒干以后，还可以磨成面粉做面食。豌豆的营养价值也非常高，它身体里含有丰富的维生素和蛋白质、叶酸等各种营养物质。

我国种植豌豆的时间也是非常久远的，大概在 2000 多年前，我国的农民就已经开始种植豌豆了。

看到这里，你可能会问，豌豆和玉米来我们中国的时间相差那么久，它们两个怎么就成为好搭档了呢？要想回答这个问题，就得从一个叫根瘤菌的家伙说起了。

根瘤菌是菌类家族细菌门的一个成员，它是一种与大豆、豌豆等豆科植物共生的一种菌类生物。根瘤菌最初是生活在土壤当中的，人们把豌豆的种子种到土壤中，随着豌豆种子的生根发芽，土壤中的根瘤菌就会依附到豌豆的根上。在豌豆还是幼苗的时候，根瘤菌就已经开始向它靠近了。豌豆的根毛上能分泌一种有机物，这种有机物对根瘤菌有特别的吸引力，可以将大量的根瘤菌都积聚在自己的周围，促使它们大量繁殖。

根瘤菌与豌豆等豆科植物的共同生活方式是这样的：植物通过为根瘤菌提供生长和繁殖必需的糖分、矿物质盐分和水分，以保证根瘤菌能够尽快生长和繁殖。而根瘤菌呢，它有一项神奇的本领，就是固氮。

我们都知道，空气中除了氧气和二氧化碳以外，还有一部分就是氮气。氮这种化学成分对人类可能意义不是很大，可它是植物的重要营养成

分之一，对植物的生长和发育都有着极其重要的作用。然而，空气中游离的氮元素是植物没有办法吸收的，只有转化成化合物形态的氮才能被植物吸收。而根瘤菌的固氮作用就是把游离态的氮转化为化合态的氮。根瘤菌的固氮本领无疑促进了豆科植物的生长。

根瘤菌除了给豆科植物提供生长必需的氮以外，还会把一些氮分泌在土壤当中，在豌豆的生长末期，根瘤菌会自行地从豌豆的根

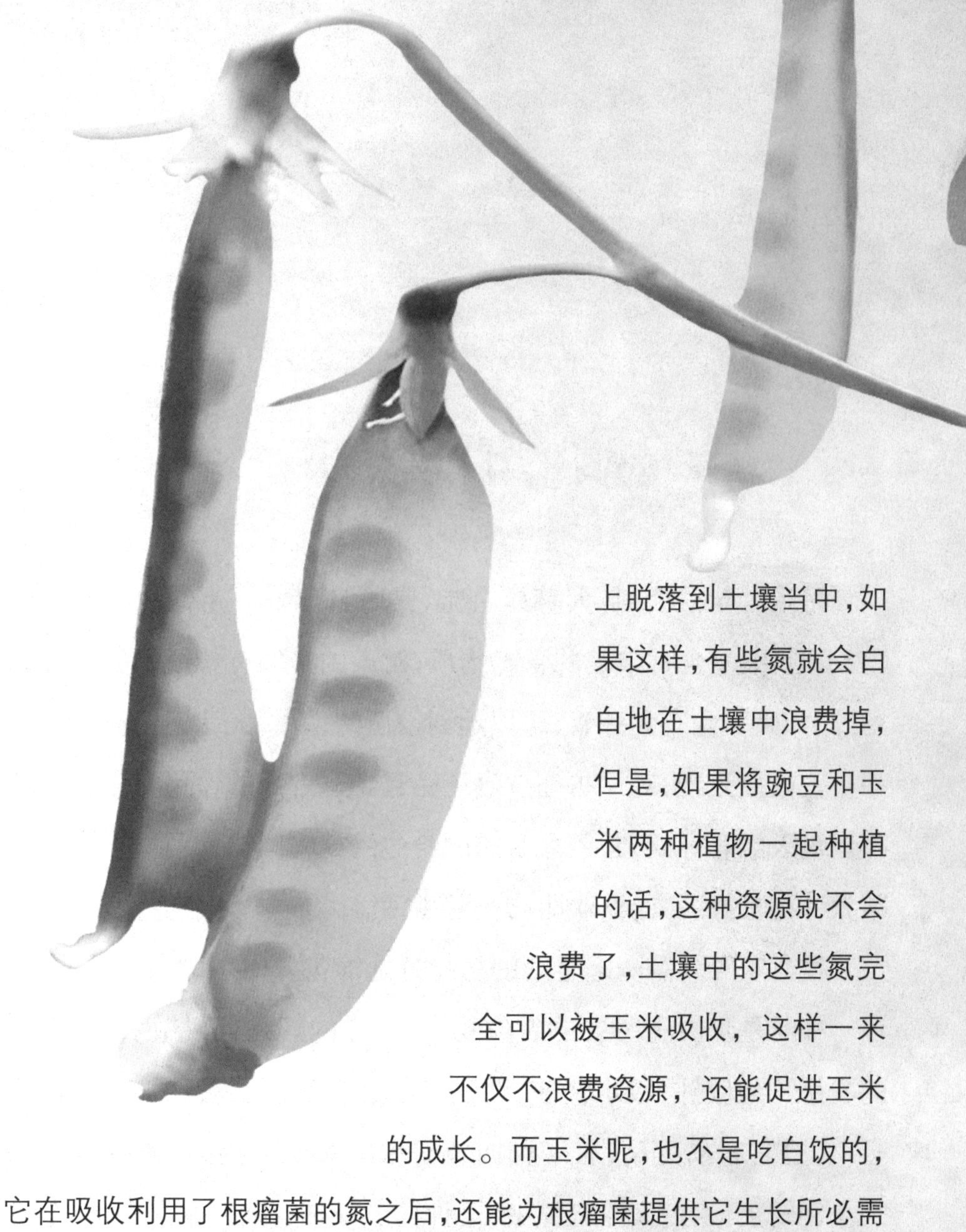

上脱落到土壤当中,如果这样,有些氮就会白白地在土壤中浪费掉,但是,如果将豌豆和玉米两种植物一起种植的话,这种资源就不会浪费了,土壤中的这些氮完全可以被玉米吸收,这样一来不仅不浪费资源,还能促进玉米的成长。而玉米呢,也不是吃白饭的,它在吸收利用了根瘤菌的氮之后,还能为根瘤菌提供它生长所必需的糖分,从而促进豌豆的丰收。

总之,玉米和豌豆这对好朋友由根瘤菌这个“中间人”牵线,达到了互利共生的目的。如果把玉米和豌豆种在一起,来年肯定会大丰收。

大蒜和棉花、月季花的友谊长存

民间有句俗话叫:大蒜是个宝,常吃身体好。为什么会这么说呢?因为大蒜含有丰富的营养物质,对人的身体有着很好的保健作用。比如大蒜含有大蒜素,可以起到杀菌的作用,大蒜还含有锗和硒等一些微量元素,对于防癌抗癌还能起到非常好的作用。其实,大蒜不仅对人类有好处,它还喜欢照顾身边的植物同伴,因此,很多植物跟大蒜都是好朋友,喜欢跟它一起生活。

最喜欢跟大蒜一起生活的植物就是棉花。

棉花是世界上主要的农作物之一,它的纤维可以做衣服,棉布的衣服不但吸汗、吸水快速,而且穿着还很舒服。虽然棉花的好处多,但是它容易生病,有一种叫棉蚜虫的家伙,很喜欢找棉花的麻烦。棉蚜虫,人们又叫它腻虫,这种昆虫分布的范围非常广,在全世界都可以看到它的影子,这也就意味着全世界的棉花都会受到这种虫子的伤害。棉蚜虫的嘴是一根长长的刺,它要给自己补充营养的时候,就会用这根刺刺进棉花叶子的背面,吸食棉叶的汁液。如果棉花在幼苗的时候就被棉蚜虫吸食了汁液,这些棉花的叶子就会卷

缩，同时花期也会延迟，收获棉花的时间也会推迟。如果棉花在成年的时候被棉蚜虫吸食了汁液，不仅会掉叶子，还很容易诱发霉菌，棉花的花蕾也很容易脱落，最终会导致棉花减产。

要是将大蒜种植在棉花周围的话，棉花就再也不用担心会受到棉蚜虫的骚扰了，大蒜中的大蒜素能够对付得了这些讨厌的棉蚜虫。这是因为大蒜素具有辛辣的味道，这种味道散发出来会让那些对棉花虎视眈眈的棉蚜虫望而却步，不敢再去骚扰棉花了。

除了棉花，月季花也很喜欢跟大蒜生活在一起。

月季花在生长的过程中，很容易发生白粉病，得了这种病以后，月季花的叶子和花枝，甚至是花蕾上，都会出现白色的粉状物，因此人们才称它为白粉病。如果这种病蔓延的话，就会对月季花的花蕾有很大的杀伤力，可以导致月季花不能够绽放，那我们也将会欣赏不到娇美的月季花了。

如果将大蒜跟月季花种植在一起的话，就不用担心月季花会被感染上白粉病了，因为大蒜中的大蒜素也能将这些病菌杀死，从而达到保护月季花的效果。就是因为这样，有些种月季花的人因为不方便种大蒜，当月季花感染了白粉病以后，就会把大蒜捣成泥挤出蒜汁，然后用水稀释，喷撒在月季花上，从而保护了月季花。

韭菜是白菜的闺中密友

说到白菜，没有人不认识它。它不仅营养价值比较高，而且还容易储藏，所以中国的大多数老百姓，尤其是北方的老百姓对白菜十

分喜爱。在经济困难的年代里，大白菜几乎天天出现在百姓们的饭桌上，不但有白菜炖粉条，还有醋溜大白菜或凉拌白菜。

总之，人们会想尽各种方法让它们变成不同样式的菜肴。

正是因为白菜在人们生活中的位置举足轻重，所以种植白菜才会显得特别重要。然而，白菜的成长过程却不是一帆风顺的，总会有这样或那样的“病”喜欢找它们的麻烦。

其中有一种病叫根腐病。它是一种常见病，小麦、白菜等植物都会得这种病。在白菜得了这种病的初期，只是一些小根感染这种病，接着小根就会出现腐烂的情况。但这时生长在地表上的白菜尚看不出来其危害。随着时间的推移，这种病会向白菜的主根蔓延。

我们都知道，不管是白菜，还是其他植物，都是靠根来从土壤里吸收自己成长所必需的营养和水分，当白菜的根腐病加剧的时候，植物吸收水分和养分的功能就会慢慢地减弱。随着根部吸收养分和水分的能力减弱，地上的植物就会慢慢地干枯。等到植物的根部全部腐烂的时候，这棵白菜也就彻底死了。

根腐病虽然可怕，但是白菜也不是完全被动地挨打的，虽然它对根腐病无能为力，但是它们可以找自己的密友帮忙。

白菜的密友就是韭菜，韭菜的根可以分泌出一种物质叫做杀菌素，这是一种具有挥发性质的物质，它能够直接将一些细菌、真菌和原生物等杀死。如果将韭菜和白菜种在一起，它就能帮助白菜对付那些根腐病病菌。当农民种下白菜的时候，就会请韭菜帮助他们照看白菜，防止那讨厌的根腐病来骚扰白菜，从而让白菜能够顺利地成长。

山苍子是油茶的益友

油茶属于茶科，它也是茶树的一种。由于它的种子是可以榨油的，所以人们给它取个名字叫油茶。油茶籽榨出来的油是质地非常优良的食用油，不但容易储藏，而且味道还非常清香，最重要的是茶油营养还特别丰富，它含有的营养物质比我们平常吃的花生油、豆油等都高，尤其是茶油里边含有丰富的维生素E，比橄榄油里边含有的还高。

好东西不但我们人类喜欢，也被很多害虫盯上了。比如油茶树总是受到一种叫油茶烟煤病菌的骚扰。油茶烟煤病是油茶的一种真菌感染疾病，油茶烟煤菌这些家伙非常狡猾，它们就喜欢挑一些“软柿子捏”，看到谁好欺负就先欺负谁。

相对于整株油茶来说，最容易下手的就是油茶的叶子和枝条，所以它们就先从这两处下手，先侵扰油茶树的叶子和枝条。受到油茶烟煤菌感染的那些油茶的叶子或者枝条上边，就会出现黑色的霉点。这个时候如果不阻止它们的话，它们就会更加猖狂，随着这些真菌的不断繁殖，油茶树上会被覆盖上厚厚的一层“烟煤层”，如果这

些“烟煤层”只是影响植物的美观也就罢了，最重要的是它们会影响到植物进行光合作用，如果整株植物不能进行光合作用的话，那就相当于我们人类断了食物和停止了呼吸。这株油茶树就必死无疑，即便不死，它结油茶籽的希望也不会太大。

然而，造物主在给油茶树创造油茶烟煤病菌这个对手的时候，也给油茶树创造了朋友。油茶树最好的朋友就是山

苍子，它是油茶树的益友。

说山苍子可能大家都不熟悉，如果提到花椒的话，大家可能就知道了。因为花椒在中国是一种很常见的调味品，它在各家各户的厨房中都可以看到。山苍子就是花椒的另一个名字。

为什么说山苍子是油茶树的益友呢?因为山苍子能帮助油茶树消灭身上的油茶烟煤病菌。以前，人们并不知道这山苍子可以帮助油茶树杀菌，只是偶然的一次机会才发现，一般长着山苍子的油茶树林就很少有油茶树受到油茶烟煤病菌的骚扰，而那些没长着山苍子的油茶树林受害就比较严重。

后来，有些人就把山苍子种在了油茶树林中，祖祖辈辈就这样传下来。到底为什么山苍子能帮助到油茶树，人们并不知道。

直到近现代科学家的不断研究才发现，山苍子之所以能够帮助油茶树将油茶烟煤病菌杀死，主要是因为山苍子特有的芳香油，它能够有效地帮助油茶树对付油茶烟煤病菌。这些芳香油主要存在于山苍子的叶子和果实中，当油茶树受到烟煤病菌感染的时候，这些芳香油就会从山苍子的叶子或者果实中挥发出来，帮助油茶树对付讨厌的病菌，从而促进了油茶结子。

刺槐和它的好哥们儿

在树林中，刺槐最好的几个朋友就是杨树、松树和枫树。它非常喜欢跟这些朋友们在一起生活。

为什么刺槐单单喜欢跟这几种植物一起生活呢？原因是刺槐属于浅根性植物。什么是浅根性植物呢？顾名思义，就是这种植物根扎得比较浅，所以这样的植物只能靠吸收地表土壤中的水分和营养来维持自己的生命。浅根性植物如果集中生长在一起的话，彼此之间就容易互相争夺水分和营养物质。

而枫树、杨树和松树等植物属于深根性植物，这些深根性植物的根要比刺槐的根扎得深，它们根本就用不着跟刺槐争夺水分和养分，原因是，它们可以从土壤的更深处吸取自己所需要的营养物质和水分。

正是因为如此，刺槐才能跟它们和平共处。

另外，刺槐还能为这些朋友作出自己的贡献，因为刺槐跟根瘤菌一样，有固氮的本领，它也可以把空气中的游离氮转化为化合氮供自己和朋友使用，使这些朋友们能够在自己身边更好地生活。

植物的友情网

其实，除了我们前边提到的那些以外，还有很多植物之间也有着深厚友谊，它们之间相互影响，相互扶持，不仅让自己能够快乐地成长，也为我们人类的世界增添了很多乐趣。葡萄喜欢跟紫罗兰生活在一起，如果我们能够遵照葡萄的爱好，在葡萄架前种上一些紫罗兰的话，到秋天我们收获的葡萄，肯定会比没有紫罗兰陪伴的葡萄更加香甜和味美。

苹果和樱桃也是好朋友。如果果农遵照它们的喜好，将苹果和樱桃交叉种植的话，相信不管是在夏天收获的樱桃，还是在秋天收获的苹果，都要比那些单独生活的苹果和樱桃香甜可口。这是因为苹果跟樱桃的关系非常好，如果把它们种在一起的话，它们俩都会挥发出自己身上独特的气味，让对方的果实变得更加鲜美。

有一种植物叫做连线草，不光人类喜欢它，还有一种植物也喜欢它，这种植物就是萝卜。萝卜之所以喜欢连线草，是因为连线草有一种神奇的本领，它能够促进萝卜的生长。有个英国的科学家做过一个实验，他将连线草跟萝卜种在一起，半个月过去以后，神奇的事情发生了,那些萝卜都长得特别大。

虽然牡丹和芍药两种植物的花朵很相似,但是它们并没有血缘关系。牡丹是可以长到 2 米高的木本植物,而芍药却是草本植物。虽然没有血缘关系,但这不会影响两种植物的友谊。牡丹非常喜欢跟芍药在一起生长,因为芍药不仅能明显地促进牡丹的成长,还会让牡丹变得枝繁叶茂。更重要的是,牡丹如果跟芍药生长在一起,它的花会开得更加鲜艳。

百合花在植物界也有好朋友,就是玫瑰。如果把这两种花种植在一起的话,它们的花期都会延长,这样就可以长时间欣赏到它们的娇艳和柔美了。

另外,山茶花和红葱兰、一串红和豌豆花、朱顶红和夜来香等植物,它们都是一对对好朋友,如果它们能分别跟自己的好朋友一起生活的话,就能够相互促进生长。

关键词：植物与植物战争、黄瓜、西红柿、核桃、接骨木、松树、水仙、丁香、铃兰、芥菜、蓖麻、芹菜、甘蓝、马铃薯、葵花、苦苣菜、苹果、香蕉、玫瑰、木犀草、梨、海棠、葡萄、榆树、月桂、栎树

导　读：因为生长环境、养分需求等因素，植物与植物之间会以各种方式挑起战争。

植物间也相互敌视

如动物世界一样，植物之间除了享有无私的亲情、纯洁的友情之外，也有仇恨和报复。

有句话说得好："一切皆有可能。"在整个生物界中，无论动物、植物或者人类，它们通常也有极其相似之处。人类不可避免地拥有一些恶习，比如厌恶、仇恨、报复、战争等，而在植物界，我们也看到了这些恶习的存在。

植物对亲人（同种植物）无私奉献，对朋友（非同种植物）有情有义，但是，植物对于敌人也是相当无情，甚至残忍。它们有时会表现出厌恶的情绪，最终搞得两败俱伤，比如黄瓜和西红柿就是谁看谁都不顺眼，可以说天天赌气，如果这两种植物生长在一起的话，都不能够很好地生长；植物有时对于自己的敌人也会痛下杀手，弄得敌人断子绝孙，比如有一种叫"接骨木"的植物，就是这样，它既可抑制松树的生长，又会对松树的种子造成破坏。

毫不夸张地说，植物的战争有时候跟人类或其他动物的战争一样残忍。

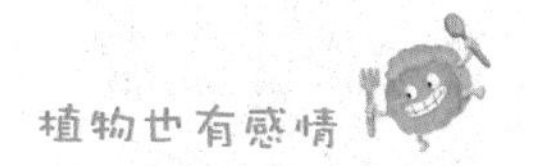

黄瓜跟西红柿会天天赌气

西红柿和黄瓜都是我们常见的蔬菜，它们不仅营养丰富，而且价格便宜，是我们餐桌上常见的蔬菜。尤其在夏天的时候，我们几乎离不开这两种蔬菜。

西红柿这个名字很有意思，这里代表着它的出身地。西红柿，顾名思义，就是从西方引过来的蔬果，它的另外一个名字叫"洋柿子"，同样寓意着它的出身。这种蔬果，最初在墨西哥、秘鲁等国家叫"狼果"。因它野生，常常被狼吃，故名"狼果"。在清代的时候，这种蔬果才被中国作为蔬果引进，并被正式搬上了餐桌。

黄瓜的出身和西红柿类似，它也是从西域引过来的。史书上记载，张骞出使西域时，把黄瓜带回西汉，其名叫"胡瓜"，意思也是西部少数游牧民族种植的蔬果之一。十六国时的后赵国国君石勒非常讨厌"胡人"(指当时中国西北部地区的游牧民族)，或者有点畏惧"胡人"的侵犯，不喜欢"胡瓜"这个名字，他手下的一个大臣献计改称这种蔬果为"黄瓜"。自此，黄瓜一词在中国流行开来。

西红柿和黄瓜，出身地相似，脾气相投，所以很多人喜欢把它们

种在一起。

但是，这样的种植方式对吗？答案是否定的。事实上，黄瓜和西红柿没有我们想象的那样喜欢彼此，这两个家伙其实是一对冤家，谁看谁都不顺眼。对于人类来说，见到喜欢的人或事物，那么他的心情就会很好；反之，则引起厌恶。其实，植物也是这样，如果它们经常接近自己不喜欢的东西，自己的生长也会受到影响。西红柿和黄瓜就是这样，如果将它们种植在同一个大棚中，它们就会因为经常接近对方而天天赌气，谁都不好好生长。到最后，无论是西红柿还是黄瓜，都长成了“歪瓜裂枣”。

核桃喜欢与众多植物为敌

还记得《射雕英雄传》中欧阳锋吗？他最擅长用毒，谁要是得罪了他，他就会毒害对方。巧合的是，在众多植物中也有一种植物堪比欧阳锋，它就是核桃。核桃，又称为胡桃，它跟榛子、腰果、扁桃被称为世界上最著名的“四大干果”。核桃营养价值非常高，核桃中的磷脂对我们的大脑具有良好的保健作用，另外，核桃里面还含有锌、锰等微量元素，对于抵抗人体衰老也是非常有好处的。所以人们还把核桃称为“长寿果”。

核桃虽然对我们好处很多，但是它的性格却比较孤僻，跟很多植物都合不来，比如苹果、西红柿和马铃薯等植物，说什么都不愿意跟核桃生长在一起。

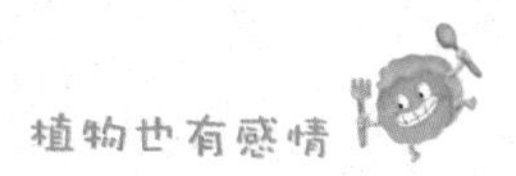

这是因为核桃中含有一种叫核桃醌的物质，这是一种橙色针状的结晶体，具有抗菌的作用，但这种物质还有一个坏毛病，它能使其他植物的细胞和细胞壁分离。植物身体的基本组成部分都出了问题，那植物还能够好吗？

因此，很多植物都不愿意接近核桃。核桃醌对苹果、西红柿和马铃薯这样的乔灌木和草本植物的毒害作用尤其大。如果将这些植物跟核桃种在一起的话，一旦核桃树中的核桃醌接触苹果等植物附近的土壤，这些植物就会中了核桃树的毒。就是因为核桃树擅长用毒，所以大家都不太愿意接近它，总想离它远远的，以免不小心受到它的毒害。

接骨木让松树断子绝孙

接骨木，一听到这名字，相信你肯定会想，这种植物会不会是一种连接骨头的植物呢？的确不错。它确实能接“骨头”，不过是接“木骨头”。

在植物界中，接骨木可是臭名昭著。它对待相邻的树木，总是毫不手软地“痛下杀手”——它不仅对与它为邻的“树先生”下手，还要把“树先生”的子孙赶尽杀绝。

在接骨木眼里，它最不喜欢，乃至最讨厌的就要数松树了。好像它与松树之间属于那种“前世有冤、今世有仇”似的，只要一见到松树就拼个你死我活。

接骨木对付松树的杀手锏是一种分泌物，它非常厉害，不仅能抑制松树正常的生长，而且对松树的种子也不放过，能把接骨木树冠底下的松子都会统统送上西天。

值得一提的是，接骨木不仅对松树有抑制作用，对大叶钻天杨也有抑制作用。所以大叶钻天杨也不喜欢靠近接骨木。

水仙、丁香等花卉和铃兰不能为邻

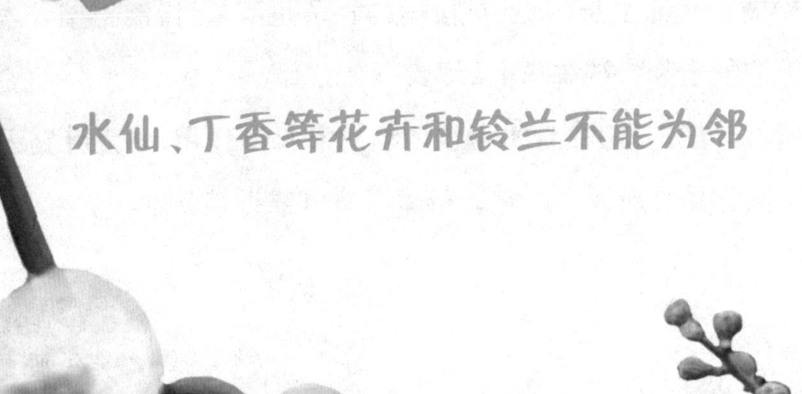

铃兰，是一种喜欢生活在深山幽谷中的植物，它的花朵像个小型的铃铛，所以人们又叫它风铃花。铃兰花的花香非常浓郁，所以人们都用它提取高级的芳香精油。

铃兰花虽然漂亮，却不容易相处，它就像个脾气暴躁的娇小姐，惹得很多花卉植物都不敢靠近，尤其是丁香和水仙最害怕它。

有人曾做过一个实验，把铃兰和丁香放在一起，不一会儿就发现丁香花蔫了，就跟霜打的茄子似的。后来人们又把丁香放在距离铃兰 20 厘米的地方，结果丁香还是不见好转，直到最后把铃兰彻底移开了，丁香才慢慢地恢复了原状。

虽然铃兰脾气不好，丁香也不是好惹的主儿，它对铃兰也不客气。铃兰跟它在一块儿，模样也不好看。

为什么铃兰跟丁香不能放在一起呢？这是因为铃兰和丁香的香味都比较浓烈，我们经常说“两虎相争，必有一伤”就是这个道理。铃

兰跟丁香的香味都能起到互相抑制的作用，它们散发出来的气味能够熏倒对方，所以铃兰不能跟丁香为邻。

除了丁香以外，水仙也不喜欢跟铃兰相处，因为铃兰的特殊气味对水仙也有一定的抑制作用，所以如果将铃兰跟水仙放在一起生活，水仙也会被铃兰弄成"内伤"。

然而，非常有意思的是，水仙和丁香两种植物虽然都跟铃兰相处不好，但是这两种植物并没有形成"统一战线"，它们彼此也是敌人，水仙如果跟丁香在一起的话，也会被丁香"打"成"内伤"，严重的话，甚至还有可能危及生命。

芥菜是蓖麻的敌人

芥菜是我们经常见到的一种草本植物，它跟我们比较熟悉的白菜、青菜等蔬菜都是的近亲，因此它们从大小或者形态上也有几分相似。

看到这里你们可能非常奇怪，我们都知道，蓖麻是一种植株比较大的草本植物，像芥菜这样的植物怎么敢成为蓖麻的敌人呢?

俗话说得好，人不可貌相，海水不可斗量。这句话在植物界中也能生动地体现。尤其是运用到芥菜的身上尤为合适。你别看芥菜的身躯比蓖麻要软弱得多，可是它对付起蓖麻来自有一套绝招。

在芥菜的身体当中，能够分泌出一种特殊的物质，这种物质就是蓖麻的大敌。它表面上能够让生活在周围的蓖麻枝干变得比其他的蓖麻枝干粗壮得多，但是它会偷偷地刺激蓖麻的叶子，让它们一片片地从蓖麻那粗壮的枝干上脱落下来。

没有了叶子的蓖麻虽然长得粗壮，却无法进行光合作用来维持自己的基本生活。因此，它们只能在芥菜的刺激下，慢慢地枯萎，直到最后死去。

芹菜和甘蓝、马铃薯是冤家

芹菜绿油油的，看着格外喜人，尤其是芹菜清脆爽口，营养十分丰富。所以人们对它也就格外青睐。虽然芹菜特别招人喜欢，可是有些植物却对它们却退避三舍。甘蓝跟芹菜简直就是一对天敌，谁也不能见到谁。这是为什么呢？

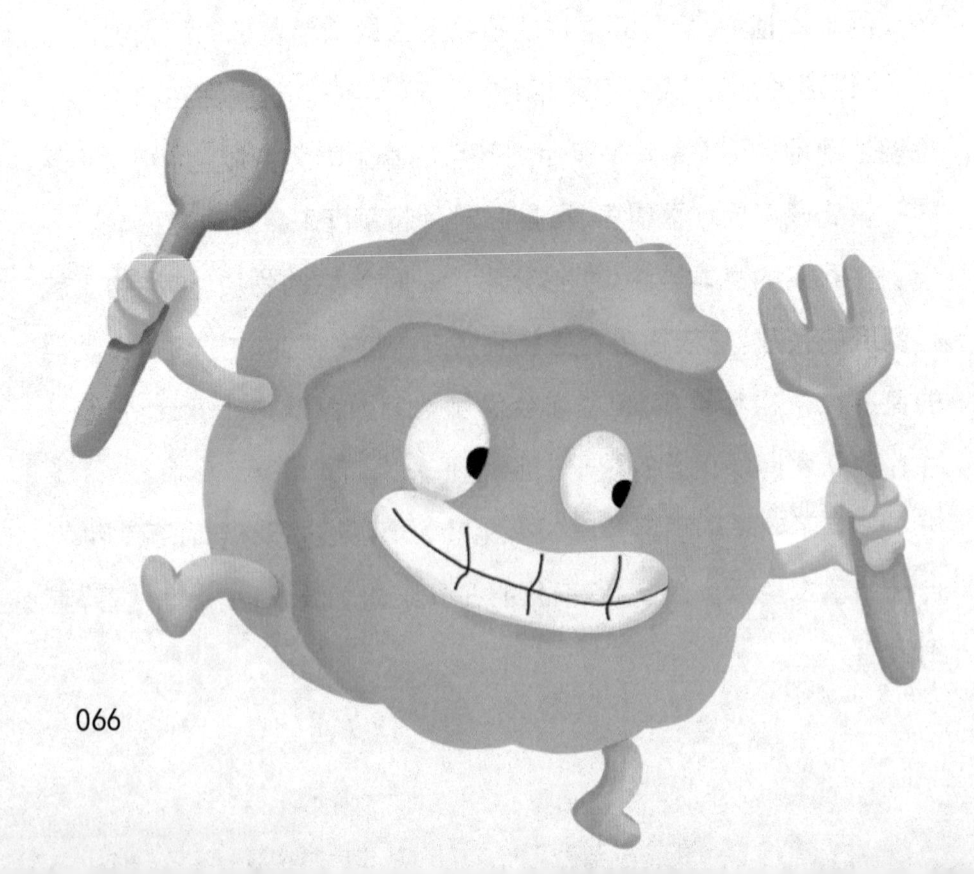

原来，在芹菜的身体里边含有一种特殊的化学物质，对于甘蓝来说无疑是致命的，只要甘蓝一接触到芹菜，就会严重“受伤”，甚至有生命危险。

当然，甘蓝也不会白白受芹菜的气，在芹菜侵害它的时候，它也会对芹菜大打出手。芹菜可以拿化学武器对付它，它也有自己身上的化学武器可以使用。在甘蓝的根部能分泌出一种化学物质，这对芹菜也有致命的作用。

因此，只要芹菜跟甘蓝两种植物放在一起，就会形成一场化学大战，这两个家伙谁都不让谁，到最后只能弄得个两败俱伤，甚至是双双枯萎死亡。

除了甘蓝以外，马铃薯也会把芹菜当成自己致命的敌人。相对于甘蓝来说，马铃薯要软

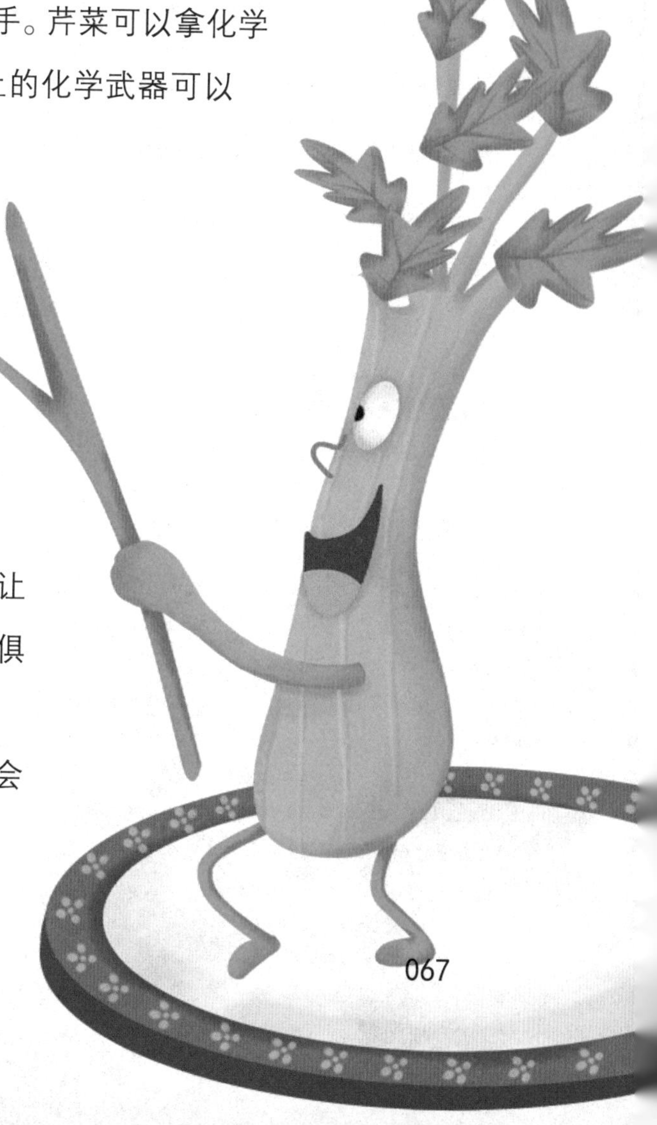

弱很多，它对于芹菜简直是一点儿招儿都没有，只能被动挨打。

对于马铃薯的软弱，芹菜不仅没有一丁点儿的怜悯之心，而且比对付起甘蓝来更狠，简直可以称得上“步步紧逼”、“招招致命”。

那么芹菜是靠什么来伤害马铃薯的呢？芹菜对付马铃薯的武器也是化学物质。在芹菜的根部能够分泌出一种物质，这种物质对马铃薯却是非常残忍，可以让马铃薯受到真菌感染。所以马铃薯一旦沾上这种物质，就会病魔缠身。

最严重的是，这种物质还会让马铃薯失去生育能力，以致繁殖后代都成了问题。所以，马铃薯对芹菜一直是望而生畏的。

马铃薯，别走，
一较高下。

马铃薯与葵花为敌

马铃薯是个没有多少植物愿意搭理它的“孤家寡人”。

在前面，我们说到过芹菜跟马铃薯是冤家，其实马铃薯的敌人不仅仅只有芹菜一种。比如葵花、番茄、苹果、南瓜等，都是马铃薯的仇敌，这些植物都讨厌和马铃薯一块儿生长。因为这些植物一旦跟马铃薯种植在一起，马铃薯释放的有毒物质，就会使它们生病，甚至影响到生长。

但是，植物无法选择和谁生长在一起，有时人为的因素，导致它们走在了一起。为了避免一些植物相生相克，我们还是要遵循科学的方法种植。

以多欺少的苦苣菜

说到苦苣菜，可能很多人都有点陌生，其实苦苣菜就是我们常说的苦菜，相信很多人都熟悉。因为苦菜在我国的分布范围非常广泛，只要不是高原、荒漠或者草甸等一些特殊地区，一般都可以在路边的山坡上看到它的影子。

苦苣菜，属于一二年生的草本植物，对环境的要求不高，而且繁殖能力超强，在一年四季之中的春、夏、秋三季，它都能发芽出苗。

苦苣菜，这家伙是在感叹自己命苦吗？其实不是，因为它的味道甘苦，所以叫苦苣菜。一般在餐桌上，一部分人群是不敢吃它的，就因为它的苦味入喉，难以下咽。苦苣菜可能会招到一部分人的厌恶，同样它在植物界，也属于一个没人愿意搭理的主儿，原因是它经常欺负其他植物。

苦苣菜最喜欢欺负的植物就是高粱和玉米。

看到这儿你可能会很纳闷，苦苣菜说白了只是一种杂草而已，即便是它使劲儿地长，它也不会有高粱玉米这些植物长得高大粗壮啊，苦苣菜怎么能欺负它们呢？你可不要小看苦苣菜，它是典型的以

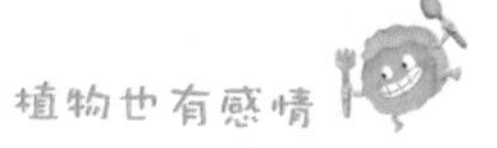

多欺少的植物，它对玉米和高粱实行的是群殴战术。

在高粱或者玉米地里，如果只要一棵苦苣菜的话，它会像个温顺的小猫一样，老老实实地生长。但是，如果是一群苦苣菜一起生长的话，它们就无法无天了，仗着自己“人多势众”一起对付高粱和玉米。这些家伙还有自己的法宝——毒素。苦苣菜的根能分泌出一种毒素，能够抑制周围的玉米或者高粱。如果苦苣菜大量分泌毒素，玉米和高粱还会有生命危险。

成熟的苹果和香蕉是很多鲜花的大敌

水果在我们的日常生活中，已经成为不可或缺的一部分。水果中含有大量的维生素、矿物质和水分，这些成分对人体有极大的好处，比如提高人体的免疫力。而且，这些水果中的营养成分，很容易被人体吸收。

然而，你还不知道的是，苹果和香蕉虽然对人体有好处，对植物界的花朵却有极大的杀伤力。

它们都对哪些花儿构成伤害呢？主要是正在开放的玫瑰、月季和水仙等。

这需要用科学道理加以解释。在成熟的苹果和香蕉体内，含有一种叫做“乙烯”的化学物质。乙烯就是由两个碳原子和四个氢原子组成的一种化合物名称。通俗地说，乙烯就是一种“催熟剂”，它可以使得很多水果更快地成熟。而成熟的苹果和香蕉分泌的乙烯，也是一种天然的“植物激素”。

既然乙烯能够催熟水果等过快地成熟，那么同样的原理，它也可以催熟其他植物的迅速成长和成熟。这对于一些植物当然是个好事情。但是，花卉作为一种带有高度观赏价值的植物，人们自然不愿意看到它们过早地成熟和凋谢，而是希望它们的花期时间能够更长更久一点。

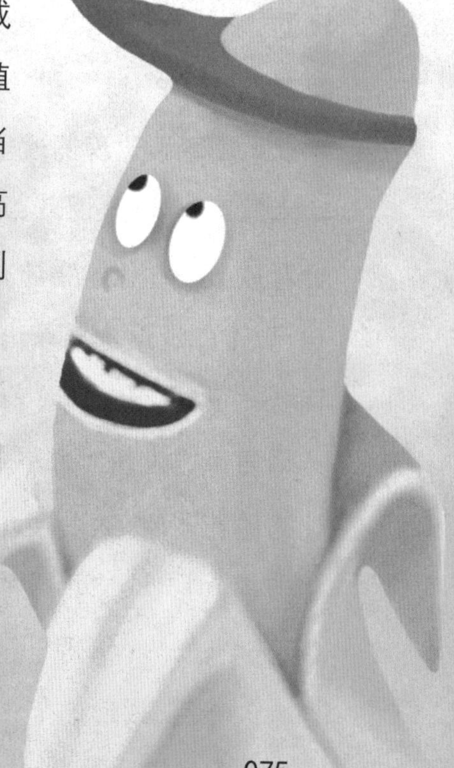

因此，切忌把成熟的香蕉或苹果放在正在盛开的鲜花的旁边，以避免鲜花过早成熟，以防早早地凋谢。

玫瑰和木犀草相互排挤

玫瑰花与木犀草的战争也是相当惨烈的。

说到玫瑰花，大家可能都非常熟悉，对于木犀草可能有一点陌生。木犀草是一种草本植物，它一年生长一次，叶子有点儿像喝汤的汤匙，它的花比较小，一般是橙黄色的或橘黄色的，有点儿像丁香花，就连花的气味也跟丁香花很像。

木犀草跟玫瑰的战争开始于玫瑰对木犀草的排挤。玫瑰很不喜欢木犀草，看到木犀草跟自己做邻居，就会想尽一切方法排挤它，还会释放出一种化学物质，让木犀草在花朵迅速凋零以后默默地离开自己。谁知道这木犀草也不是好惹的主儿，它见玫瑰发威，拼死也得挣扎一下，于是在凋零前释放出一种对玫瑰有害的化学物质。

要说这玫瑰对木犀草还算是比较仁慈的，它只是排挤木犀草，让它的花凋谢，然后远远地离开自己而已。可是木犀草却是个有仇加倍报的家伙，它释放的这些化学物质，不单单是让玫瑰花迅速凋落，还会让玫瑰花死亡。

到最后，玫瑰这个先出击的家伙，反而以失败而告终。

梨和海棠不能跟桧柏一起生活

梨和海棠这两种果树，从花朵上看是一种比较温顺的植物，尤其是梨花，非常清香淡雅。

尽管如此，这两种植物也有容不下的敌人，它们的敌人就是桧柏。

桧柏又叫圆柏，是一种较为常见的植物品种，它的分布范围非常广，在

西藏、辽宁、广西等这些偏西、偏北、偏南地区都能看到它们。桧柏跟梨、海棠的战争源自一种名叫锈菌的病菌。

锈菌是真菌的一种，它一般寄生在植物的身上，破坏植物的叶子、枝条和果实。植物们感染了锈菌以后，身上会引起像肿瘤一样的疙瘩，而且它们的“皮肤”也会变得粗糙，有的还会落叶，甚至是发育不良。

锈菌不喜欢在桧柏上生活，但是桧柏是锈菌的中间宿主，锈菌会在它上边生活一阵子，而且这些锈菌对桧柏本身也没有什么危害。但是梨和海棠等植物就不同了，它们惹不起锈菌，因为它们对锈菌无能为力。

这样一来，如果要将桧柏跟梨、海棠种在一起的话，无疑帮着锈菌找打了更好的宿主。锈菌自然扑向梨和海棠的身上。当梨和海棠感染了锈病以后，先是往下掉叶子，并渐渐严重，最后果实不成熟就掉下来。

这样的话，我们就没有办法吃到梨和海棠成熟的果实了。

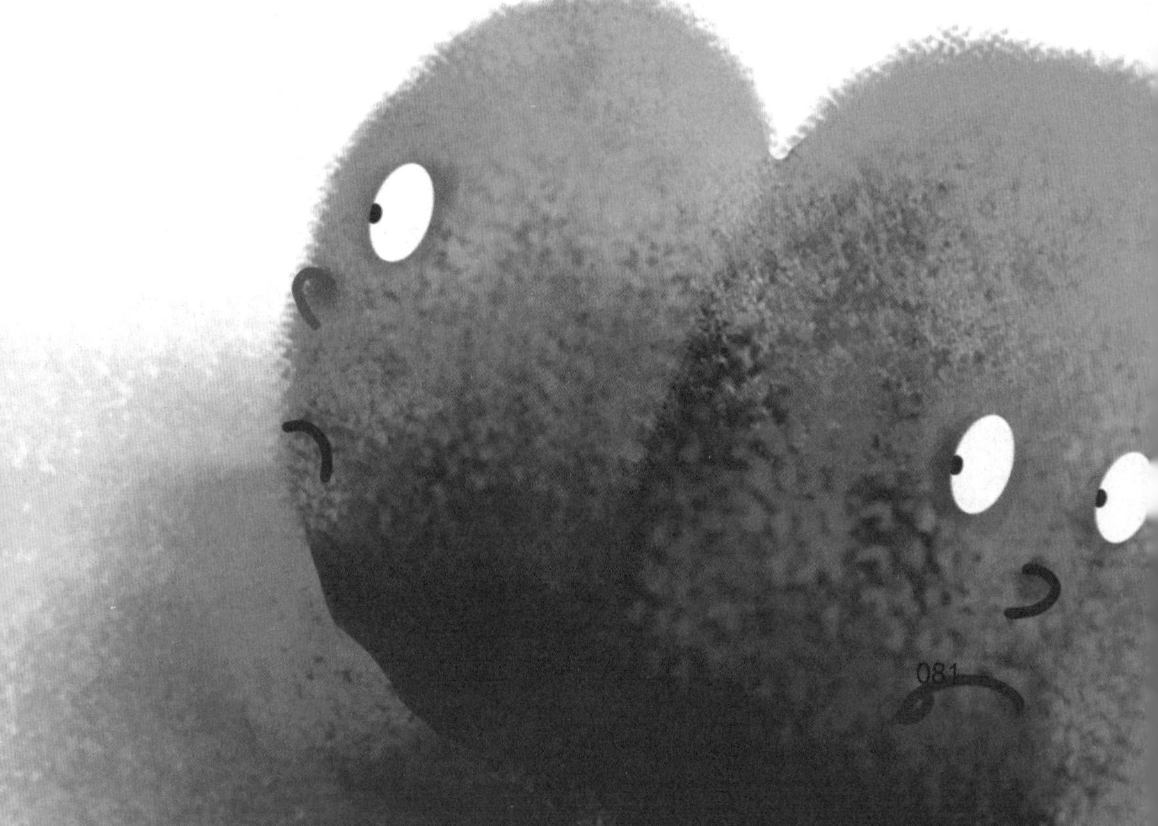

葡萄不能和榆树、月桂做邻居

葡萄是一种藤本植物，它的果实不仅色泽鲜艳、晶莹剔透，味道还酸甜可口，我们都非常喜欢吃葡萄。葡萄虽然讨人类喜欢，但是它跟很多植物却合不来。其中最具代表性的就是榆树和月桂。

葡萄十分不喜欢跟榆树生活在一起，因为在榆树的身体内部能够分泌出一种有害的物质，这种物质对葡萄是致命的。因此，如果将葡萄跟榆树种在一起，别说到秋天的时候吃葡萄了，连看一看郁郁葱葱的葡萄架都是一种奢望。

葡萄也不喜欢跟月桂相处。月桂是一种亚热带植物，它们的全身都有浓郁的香气，尤其是月桂的花朵，更是醇香。可是葡萄并不喜欢与它接近。因为月桂也有自己的化学

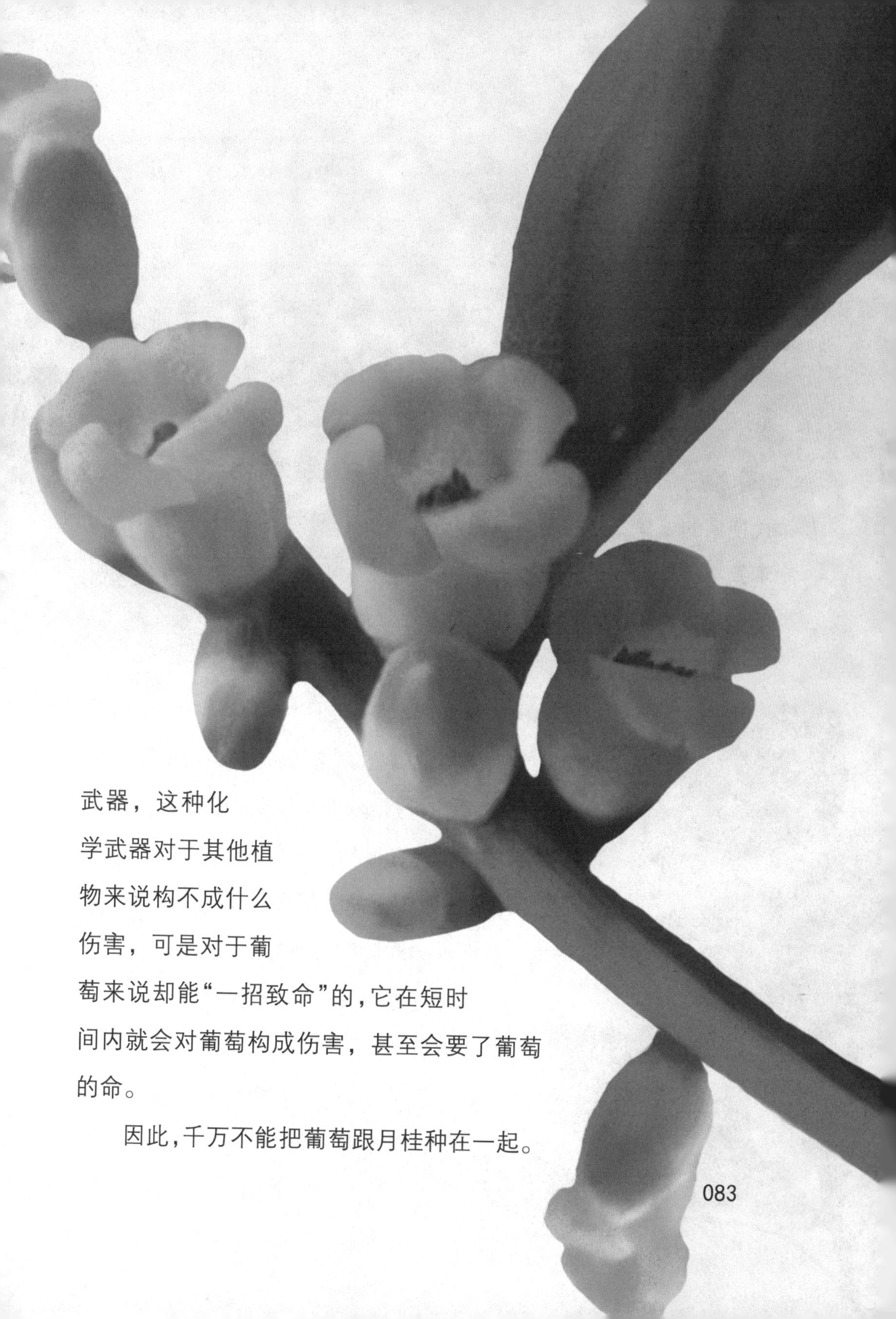

武器，这种化学武器对于其他植物来说构不成什么伤害，可是对于葡萄来说却能“一招致命”的，它在短时间内就会对葡萄构成伤害，甚至会要了葡萄的命。

因此，千万不能把葡萄跟月桂种在一起。

榆树和栎树也不能为邻

榆树是一种常见的乔木。它的果实形状非常特别，就像中国古代使用的一串铜钱一样。因此，中国人称榆树为摇钱树。但是，榆树不是个好惹的主儿，它会对其他植物乱发威。其中，榆树最看不顺眼的植物就是栎树，这两种植物就像一对冤家似的，谁看谁都不顺眼。

栎树也称为橡树，也是一种夏绿或者常绿的植物。

榆树的身体内能够分泌出一种挥发性物质，这种物质带有强烈的芳香。虽然，很多人类都喜欢带有香气的物质，可是栎树却不喜欢这种强烈的香味。如果将栎树种在榆树身边的话，栎树就会想尽一切办法离榆树远远的，让自己的枝枝叶叶背对着榆树生长。而栎树对榆树也有影响，如果榆树在栎树身边生活的话，榆树的躯干就会弯曲着生长。

总之，它们俩要一起生活就会谁都生长不好。

榆树：挺不直啊！

植物界的乱战

植物世界是一个非常庞大的生物体系，种属繁多，所以它们之间的感情生活才会变得异常复杂。尤其是植物之间的战争，更是难以让我们梳理清楚。

在植物界当中，除了我们前边提到的几种植物相克以外，还有很多植物跟其他植物也不大合得来。

比如，在众多果树周围不能种植洋槐树，因为洋槐树这个家伙是一些害虫的美食，如果果园周围围上洋槐树的话，就会招来很多害虫的围攻，从而果树们也会跟着遭殃。再如，甘蔗和芥菜也是一种相互排斥的冤家……

总之，植物的世界千姿百态，它们的情感非常奇妙，要么好得跟亲兄弟似的，要么坏得跟水火不容的冤家似的。植物的这些特性，不仅会在一定程度上给它们本身带来影响，也会影响到我们人类的利益。比如，如果我们误将西红柿和黄瓜种在一起，就会减少这两种蔬菜的收成。如果我们掌握了这些科学知识，为植物选择互惠互利的伙伴，它们就能茁壮成长。

植物的生存之道

关键词：植物生存、动物、橡树、松鼠、非洲刺槐、蚂蚁、捕蝇树、蜘蛛、猪笼草、蚂蚁军、狼果树、鬃狼、丝兰、丝兰蛾、大王莲、拟丽金龟、冬虫夏草、桉树、考拉、熊猫、竹子、无花果、榕小蜂、蚁栖树、阿兹特克蚁、日轮花、黑寡妇蜘蛛

导　读：植物与动物之间的友谊之树可谓长青不老，二者之间互相帮扶、共同成长，各自从对方那里获得利益和回报。

植物与动物的交往

植物是地球上其他生物赖以生存的基础，比如绿色植物在光合作用的过程中吸收了二氧化碳和水，产生氧气和有机物。可以说，没有植物，就没有我们这个丰富多姿的世界。

在生物界，生物之间既是食物链的关系，同时也是相互帮助、相互协作的关系。

我们知道，植物作为食物链的底端，付出的比较多，收获的却很少，它们总是为其他动物提供更多必要的生存物质。

作为动物，好像一直从植物身上索取这些生活物质，但是，事实也不尽然，有些动物也会对植物做出必要的付出和回报，比如，有些动物可以帮助植物完成“传粉受精”的任务；有些动物还能够保护植物，为植物的生存创造有利的条件等，这些都可以看做是动物对于植物作出的贡献。

总之，在植物和动物之间是一种互惠互利的关系，它们之间有千丝万缕的关联。就是因为有了这种相互协作、相互配合，才使得地球上的生命得以繁衍和生存。

橡树与松鼠的牵手

在很多人看来，身体娇小活泼可爱的小松鼠应该是橡树的天敌,因为它们为了维持自己的生活,竟然拿橡树的种子做食物。如果橡树的种子都被这些小松鼠们吃光了,那么以后在世界上可能就再也不会有橡树这种植物了。

其实,我们想错了。我们认为小松鼠是橡树的天敌,可是橡树却像鱼儿离不开水一样离不开这些小松鼠呢。因为这些橡树在养活松鼠的同时,也可以借助松鼠来帮助自己繁殖。

小松鼠对坚果是情有独钟的,不管是榛子、松子,还是橡树子,它都是来者不拒。尤其是橡树子,小松鼠更喜欢。每到秋天来的时候,橡子成熟了,小松鼠们就忙活开了。小松鼠们快乐地拾捡地上的橡子,同时把它们分成两个部分:一部分现在就吃,另一部分则要储藏起来,以供冬天的时候吃。

小松鼠们藏橡子的地方非常有意思,它们把这些橡子藏在树洞或者藏在石缝中,有的还埋在土里,还在储藏橡子的地方做了记号,以便好寻找。

冬天来了以后，小松鼠再也找不到别的可以吃的东西了，它们便把储藏起来的橡子拿出来吃。可是由于时间太久了，有些埋在土里的橡子被松鼠们淡忘，或者即使没有忘记也找不到埋藏的地点了，于是这些橡子就被一直埋在了土里。

等到春天来了，这些被松鼠们遗忘在土里的橡子就会慢慢地生根发芽，长成一棵新的橡树。

如果没有这些松鼠储藏橡子，可能这些橡子就会慢慢地在地上腐烂。松鼠们把它们遗忘在土里以后，就给橡子创造了生根发芽的机会。

就这样，松鼠们依靠橡子填饱肚子，维持自己的生活，而橡树在给松鼠们提供食物的同时，也让松鼠帮助自己传播种子，让自己可以一代又一代地繁衍下去。

非洲刺槐跟蚂蚁的联盟

在非洲一望无际的大草原上，有一种树像巨人一样傲然耸立在众多杂草中，这种树就是刺槐。刺槐，顾名思义，就是一种全身长满刺的槐树。

植物长刺的目的非常简单，就是为了保护自己。然而，刺槐的刺好像是白长了，它的刺对喜欢拿它们当食物的长颈鹿和大象来说，无任何意义，因为那些动物根本就不怕它的刺。

不过，非洲刺槐并不用担心自己的未来，因为它们有别的办法来保护自己。非洲刺槐保护自己的方法很简单，就是召集一群蚂蚁。当大象和长颈鹿来吃它叶子的时候，蚂蚁便会成群结队地攻击这些长颈鹿和大象的舌头和嘴唇，直到这些馋嘴的动物们不得不离开。

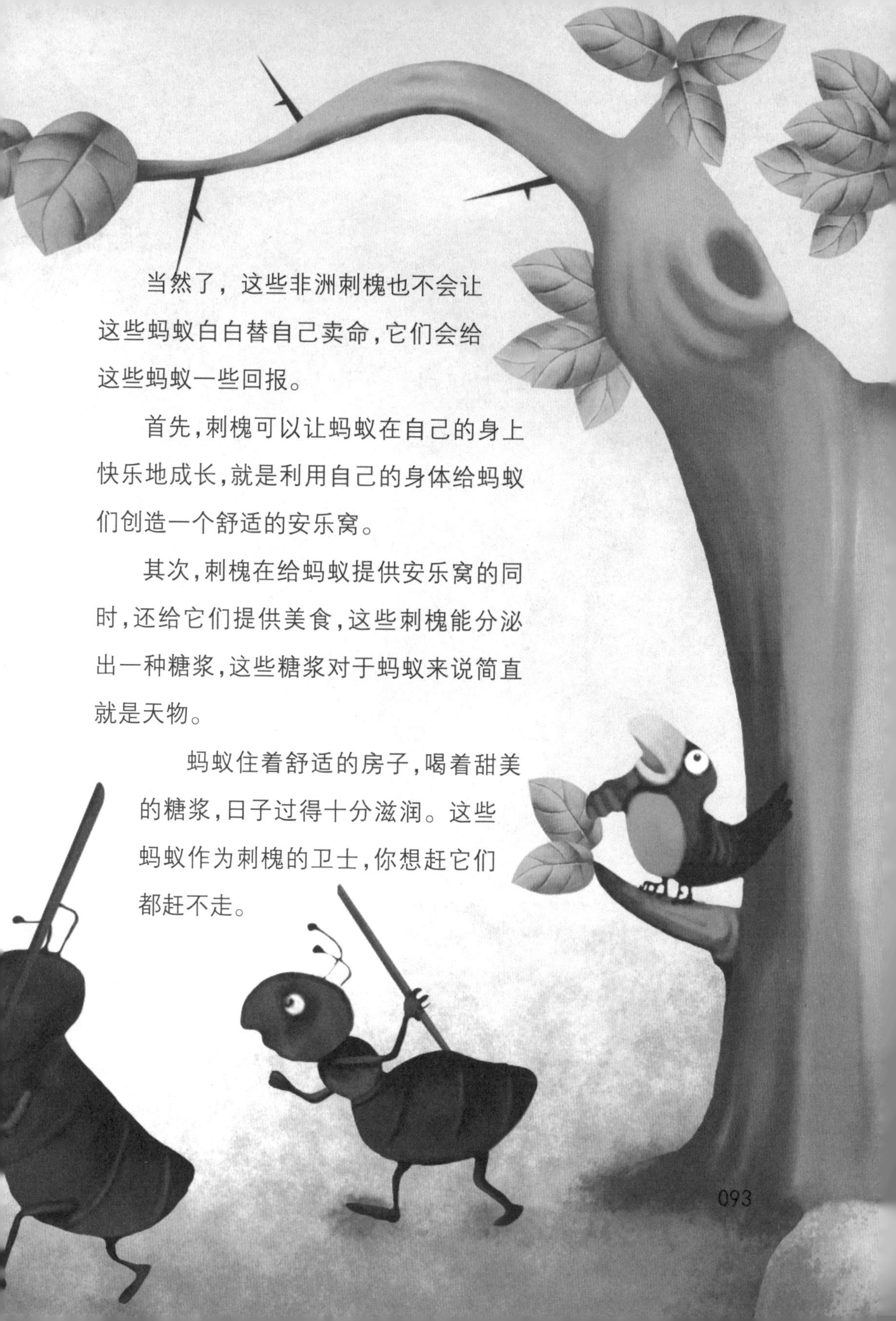

当然了，这些非洲刺槐也不会让这些蚂蚁白白替自己卖命，它们会给这些蚂蚁一些回报。

首先，刺槐可以让蚂蚁在自己的身上快乐地成长，就是利用自己的身体给蚂蚁们创造一个舒适的安乐窝。

其次，刺槐在给蚂蚁提供安乐窝的同时，还给它们提供美食，这些刺槐能分泌出一种糖浆，这些糖浆对于蚂蚁来说简直就是天物。

蚂蚁住着舒适的房子，喝着甜美的糖浆，日子过得十分滋润。这些蚂蚁作为刺槐的卫士，你想赶它们都赶不走。

捕蝇树和蜘蛛相互照顾

捕蝇树,是生长在南美洲的一种灌木。

这种灌木非常特别,它的树叶上能分泌出一种黏液,这种黏液会散发出一股特别的香味。对周围的苍蝇非常有吸引力。

每当太阳升起来时，灿烂的阳光照射着捕蝇树银白色的叶子，叶子分泌出来的黏液便会散发出来一种香味,这时候成群的苍蝇便扑了过来。

苍蝇哪里会知道，这些香味其实就是给它们设置的陷阱，成群的苍蝇就被捕蝇树的黏液牢牢地粘住了。

令人感到奇怪的，倒不是捕蝇树如何捉苍蝇，因为捕蝇树并非是肉食性植物，它自己不吃这些苍蝇。那么捕蝇树捉苍蝇干吗呢?难道是它在自娱自乐吗？其实，捕蝇树捉苍蝇是用来招待它的客人——蜘蛛。

蜘蛛是捕蝇树家的常客，它经常到捕蝇树家里做客。蜘蛛在做客的同时还帮助捕蝇树传播花粉，而捕蝇树逮捕的苍蝇就成了捕蝇树招待客人和酬谢客人的最佳食品。就因为苍蝇的存在，捕蝇树与蜘蛛形成了一种共生的关系，蜘蛛需要用苍蝇来填饱肚子，捕蝇树需要依靠蜘蛛来传播花粉，以便自己的后代能够更好地繁殖，所以它就用独特的方法来满足蜘蛛对食物的需要。

说到这里，让人想起中国传统节日端午节挂艾叶的习俗，《荆楚岁时记》上记载说："采艾以为人，悬门户上，以禳毒气。"挂艾叶的目的主要是驱虫辟邪。无独有偶，生活在南美洲的土著居民也常常采摘一些捕蝇树的叶子，挂到家中的墙壁上，用它来捉苍蝇，功效十分显著。

因此而言，无论是中国传统习俗中的挂艾叶，还是南美洲的土著居民挂捕蝇树叶，都是借助于植物的特殊功能，来为人类服务。

猪笼草与蚂蚁军的生活故事

猪笼草是一种热带植物，这种植物非常奇怪，它跟其他植物的最大区别就是喜欢吃肉，它专门依靠自己的特殊方法来捕食一些小动物。猪笼草一般都生长在土壤贫瘠的地方，为了能够生长，它们必须吃些肉来补充营养。

猪笼草虽然不像动物们那样能跑能动，但它们捕食的本领也非常强。猪笼草的身上长着一个独特的器官叫做捕虫笼，它长在猪笼草叶子的顶端，有点儿像个花瓶，不过这“花瓶”的顶端还有个盖子。这个花瓶中能够分泌出一种液体，具有香味，能吸引很多小虫子们自投罗网，当这些小虫子掉进猪笼草精心设计的“花瓶”后，就会被猪笼草分泌出的液体淹死，于是猪笼草就能将这些小虫子慢慢地消化掉。

可能有人会问：我们吃东西太多会出现消化不良的问题，如果猪笼草捕到那些大一点儿的小动物该怎么办呢？它们会不会出现消化不良的问题呢？

猪笼草对此也有独门秘诀。它们的麾下培养了一批蚂蚁军团，这个蚂蚁军团就相当于猪笼草的第二个胃，能够有效地帮助猪笼草消化食物的残渣。

其实，蚂蚁帮助猪笼草的事情是非常不光彩的，它们是靠偷食来帮助猪笼草消化的。蚂蚁军团一般生活在猪笼草空中的叶须中，它们拥有非常强大的攀岩本领，一般的昆虫在落入猪笼草的“花瓶”里以后，很难再爬上来，可是蚂蚁们却大多能安全地爬上“瓶”顶。每当有一些小昆虫落入猪笼草的“花瓶”后，这些蚂蚁便开始忙活了，它们成群结队地爬到猪笼草的“花瓶”底部，然后将猪笼草逮捕的小昆虫悄悄地运出来，最后将这些小虫子分而食之。有些蚂蚁还会将不喜欢吃的部分，又扔回猪笼草的“花瓶”中，让猪笼草继续吃。

那么为什么猪笼草能够眼睁睁地看着自己的食物被这些蚂蚁偷偷运走，而自己只吃剩下的残渣呢?

其实，这是猪笼草跟蚂蚁之间的一种合作。猪笼草之所以没有反应，是因为它需要蚂蚁偷走自己的食物。如果蚂蚁不偷走这些食物，猪笼草自己是不能够完全消化掉的，这些昆虫的尸体就会大量积聚在猪笼草的花瓶中，随着积聚的“食物”越来越多，猪笼草的消化液就会失去化学平衡，就相当于人类的消化不良。如果猪笼草的消化液失去化学平衡，猪笼草的瓶体就会

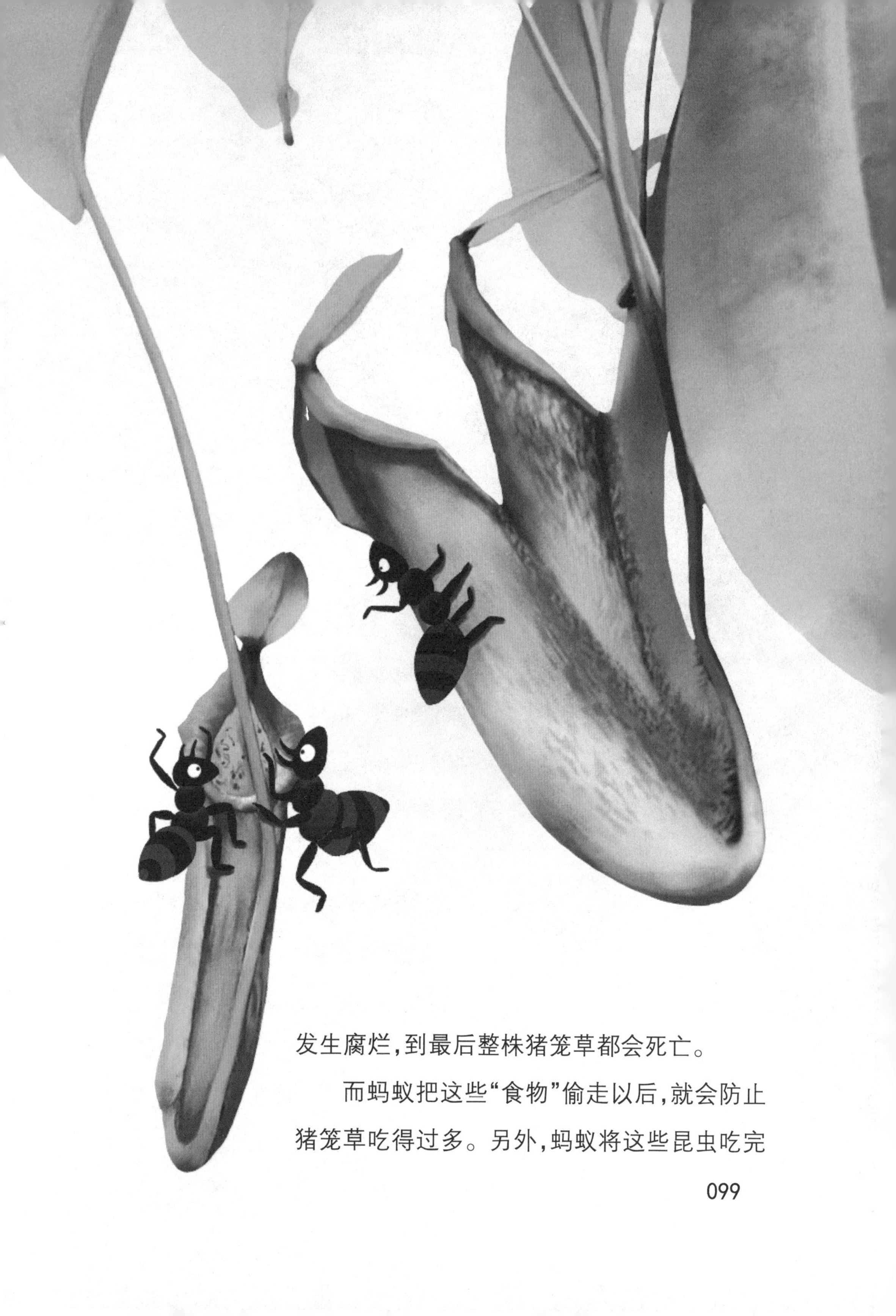

发生腐烂，到最后整株猪笼草都会死亡。

而蚂蚁把这些“食物”偷走以后，就会防止猪笼草吃得过多。另外，蚂蚁将这些昆虫吃完

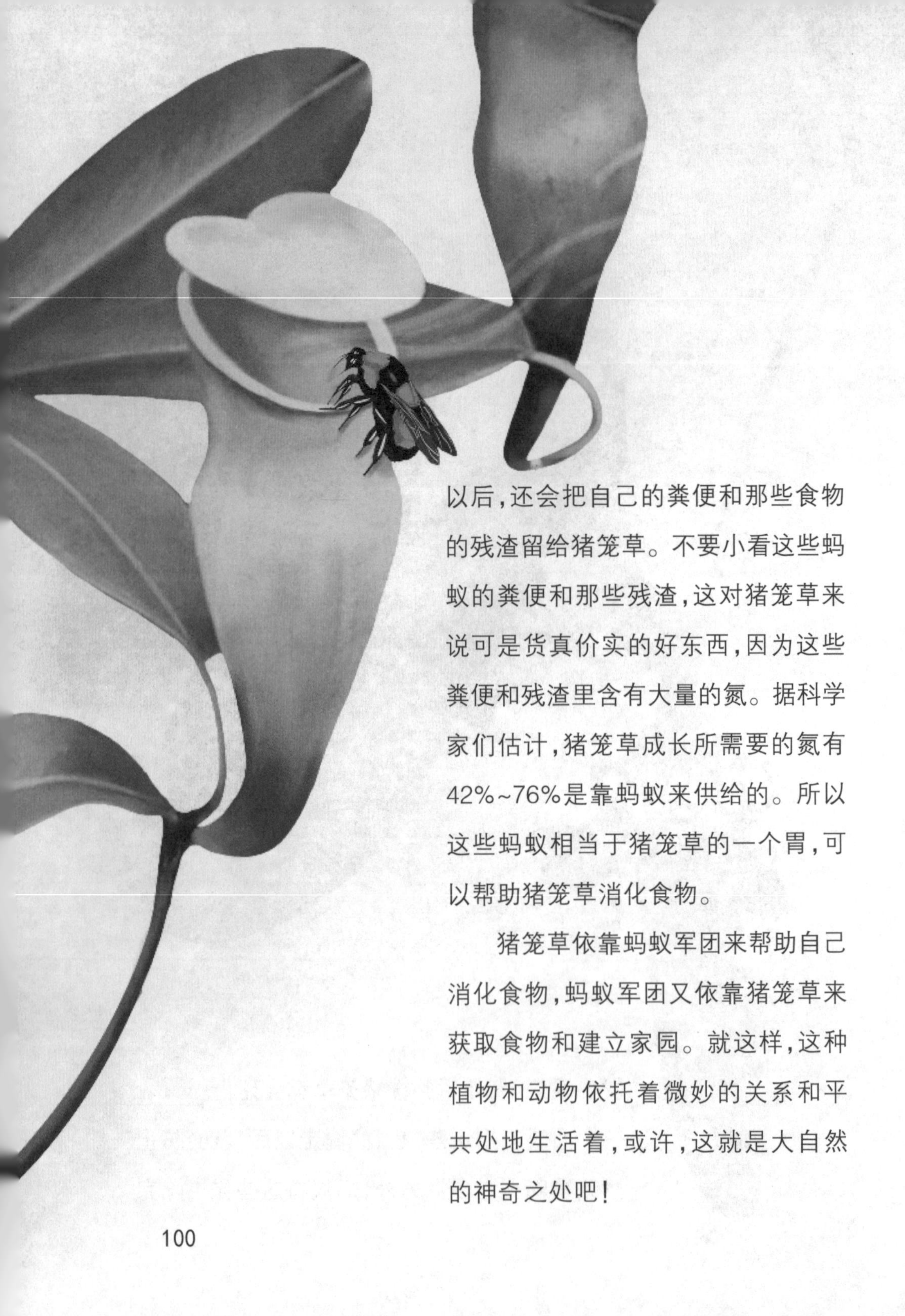

以后，还会把自己的粪便和那些食物的残渣留给猪笼草。不要小看这些蚂蚁的粪便和那些残渣，这对猪笼草来说可是货真价实的好东西，因为这些粪便和残渣里含有大量的氮。据科学家们估计，猪笼草成长所需要的氮有42%~76%是靠蚂蚁来供给的。所以这些蚂蚁相当于猪笼草的一个胃，可以帮助猪笼草消化食物。

猪笼草依靠蚂蚁军团来帮助自己消化食物，蚂蚁军团又依靠猪笼草来获取食物和建立家园。就这样，这种植物和动物依托着微妙的关系和平共处地生活着，或许，这就是大自然的神奇之处吧！

狼果树与鬃狼相互扶持

茫茫的巴西大草原上生长着一种叫狼果树的树，之所以有一个这么奇怪的名字，是因为它的果子非常特别，倒不是长相特别，而是果子里含有剧毒，除了鬃狼，没有一种动物敢去碰它。

鬃狼是一种珍稀的犬科动物，长得非常漂亮，有个金红色的长毛“外套”，四条腿又细又长，有点儿像踩着高跷。因此，在犬科动物中，鬃狼的身材算得上是最为高挑的。

鬃狼属于杂食动物，它喜欢吃肉，也喜欢吃素。总体来看，在它的食谱中，植物或果实占50%以上。按照现代流行的说法，它是个“素食主义者”。

在巴西干旱时节，鬃狼的主要食物就是狼果。狼果的外形看起来像西红柿，其味道类似于茄子。由此来看，狼果不但有毒，其形状、味道也怪异。

狼果有毒，为什么鬃狼仍然会对它情有独钟呢？这是因为鬃狼身上经常生长着一种寄生虫，这种寄生虫让鬃狼非常难受，而吃狼果却可以杀死鬃狼身体中的寄生虫，让鬃狼免受其苦。

有意思的是，鬃狼在吃狼果的时候也顺便帮了狼果树的忙，这些狼果树的种子要想生根发芽的话，必须经过动物的消化系统。而鬃狼在吃狼果的时候喜欢连种子一块儿吃进去。

狼果种子经过鬃狼的消化道以后，又随粪便排出体外。这些粪

便虽然对鬃狼来说是废物，但是对于一种叫切叶蚁的蚂蚁来说却是好东西，它们将这些鬃狼的粪便埋在土里为自己培养的真菌提供养料。狼果树的种子也被埋在土里，等到春天到来的时候，就会生根发芽，长成一株新的狼果树。

这就是狼果树与鬃狼之间的共生关系。

丝兰与丝兰蛾的专一共生

丝兰属于丝兰属，龙舌兰科。它的原产地是在北美洲。丝兰的花一般都是在晚上开的，而且开花的时候还伴有一种奇怪的香味。

作为一种开花的植物，丝兰不能跑也不能动，如果想让自己后代繁衍下去，就必须找个小动物来帮助自己传播花粉。帮助丝兰传播花粉的动物，是一种叫丝兰蛾的昆虫。

丝兰蛾，人们叫它丝兰妻蝶，为什么会给它起这么个名字呢?这

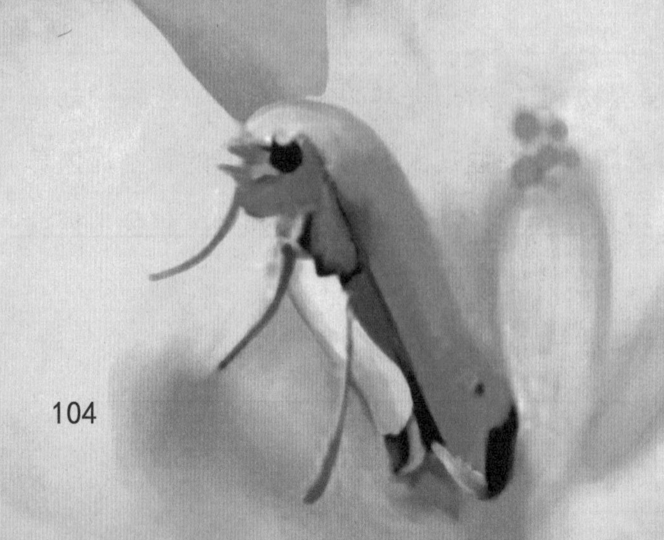

是因为丝兰与丝兰蛾有一种专一性的共生关系，丝兰只让丝兰蛾帮助自己传粉，而丝兰蛾对丝兰又像是对待妻子一样很专一，它只帮助丝兰传粉。

每当丝兰盛开的时候，丝兰花奇特的香味便吸引了成熟的雌丝兰蛾过来。雌丝兰蛾先飞到一朵雄性兰花上采集花蜜，它将这些采集来的花蜜滚成一个小球，然后就背着这个小球飞到一朵雌兰花上，它先把自己的卵产进雌兰花的子房中，然后再将花粉传给雌花。等到花谢以后，有 200 多个种子就在雌花的子房中形成了，而生活在子房中的丝兰蛾的幼虫则靠丝兰的种子来生活。

就这样，丝兰靠丝兰蛾传播花粉，丝兰蛾幼虫靠丝兰花的种子生活，两者之间相互依存的共生关系真像一对形影不离的夫妻。

大王莲和[illegible]和平共处

说到大王莲可能大家都很陌生，其实它也是一种莲花，是一种水生植物，一般喜欢在巴西的亚马孙河流域生活。

大王莲非常特别，它的花朵在形状上跟普通的莲花没有什么区别，但是非常大。另外，大王莲的叶子也大得惊人，一般直径可以达到 2 米左右，有的甚至达到了 3 米左右。大概也就是因为人们觉得这种莲花比较大，所以才给它起这么个名字。

大王莲最让人感到奇怪的是它引诱昆虫来帮它传播花粉。替大王莲传播花粉的昆虫名叫丽金龟，喜欢在热带生活，它们的背是金属的颜色，这种昆虫一般喜欢在傍晚的时候活动。

每当太阳西下的时候，大量的丽金龟便开始出来活动。这时候大王莲也盛开了，纯白色的花朵伴随着阵阵的甜香，吸引着丽金龟落到它们的花朵上。

这时候大王莲已经把丽金龟们爱吃的食物——一种肉质食物已经准备好了，只等着丽金龟过来食用。当这些丽金龟正在吃食物的时候，大王莲的花瓣便悄悄地合上，把丽金龟关在了自己的花朵里。因为这时候大王莲的花粉还没有成熟，它要让丽金龟这个老朋友在自己这里睡一夜。

看到这里，你可能为丽金龟的性命担心了，其实这种担心是多余的，大王莲根本就不可能将丽金龟闷死，它们还要让丽金龟帮忙呢！等到第二天夜幕再次来临的时候，大王莲再一次将自己的花瓣打开，此时丽金龟的全身已经沾满了大王莲的成熟花粉。全身沾满成熟花粉的丽金龟一见大王莲的花瓣又打开了，就赶紧带着花粉飞走了。

就这样，大王莲给丽金龟提供食物，而丽金龟帮助大王莲传播花粉繁衍后代，两种生物就是如此互惠互利地和平共处。

冬天是虫 夏天是草

冬虫夏草在植物界中非常出名,因为它们会变身。在夏天的时候,它们是草,但是冬天一到,它们就会变身成虫子。这听起来非常神奇,其实冬虫夏草只是生物界中非常普遍的一种寄生现象的产物。

冬虫夏草的真身是虫和草的混合物。虫,指的是一种叫做“蝙蝠蛾”的昆虫。这种昆虫在冬天来临的时候,会将它的虫卵产到土壤里,然后悄悄地死去。

虫卵在土地里,经过一个月的孵化、生长,就会长成一条白白胖胖的小虫。

这白白胖胖的小虫看起来就跟“唐僧肉”一样诱人,所以这个时候,有一种虫草真菌,就会受不了“美食的诱惑”,一股脑儿钻进幼虫的身体里,在幼虫的身子里安家,吸收虫子的营养，依靠虫子生活。

菌类不仅在虫子的体内生活，还在它的体内生宝宝，一代又一代的宝宝出生，吸取虫子的营养，于是，虫子还没有来得及爬出土地，就被“榨干而死”了。

等到春天气候变得温暖了，真菌破土而出，在死掉的虫子的“尸体”上长出一根10厘米左右，顶端呈现出椭圆形的棒棒。就这样，冬虫夏草的底部是虫，头部是草，形成了这样一副像虫又像草的模样。人们根据冬虫夏草这个特性，给它起了这样一个名字。

冬虫夏草就是这样形成的，至于真菌是怎么钻进虫子体内的，现在还是一个没有解开的谜。

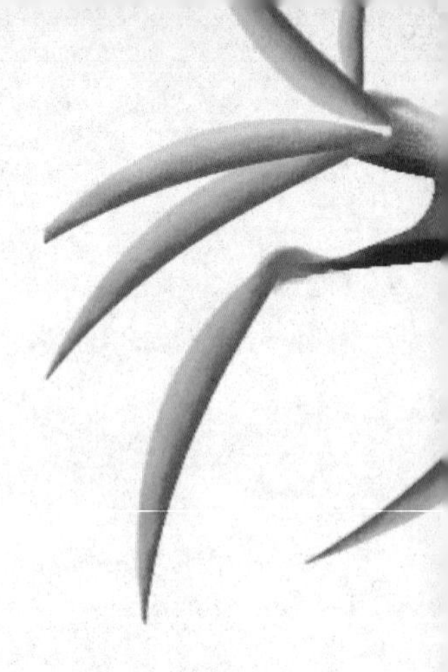

桉树和考拉

桉树是澳大利亚的国树，从外观上看，它很漂亮。它的叶子非常少，粉白色的躯干修长秀美，澳大利亚人喜欢它们秀雅的姿态，戏称它们为“美人腿”。

桉树不但秀雅美丽，还神通广大，它制造出了澳大利亚美丽的蓝山。山也有蓝色的吗？听起来似乎不可思议，但桉树让不可思议的事情变成了现实。山上的桉树在日照下会产生出一团团特殊的烟霭，这些烟霭氤氲漂浮在大山的表面，远远看去，大山好像被镀上了一层淡淡的蓝色。

桉树除了能制造出美丽的蓝山外，还养活了一种可爱的动物——考拉。考拉还有一个名字，叫做树袋熊。“考拉”在澳大利亚语里的意思是“不喝水”。不喝水这个特点已经

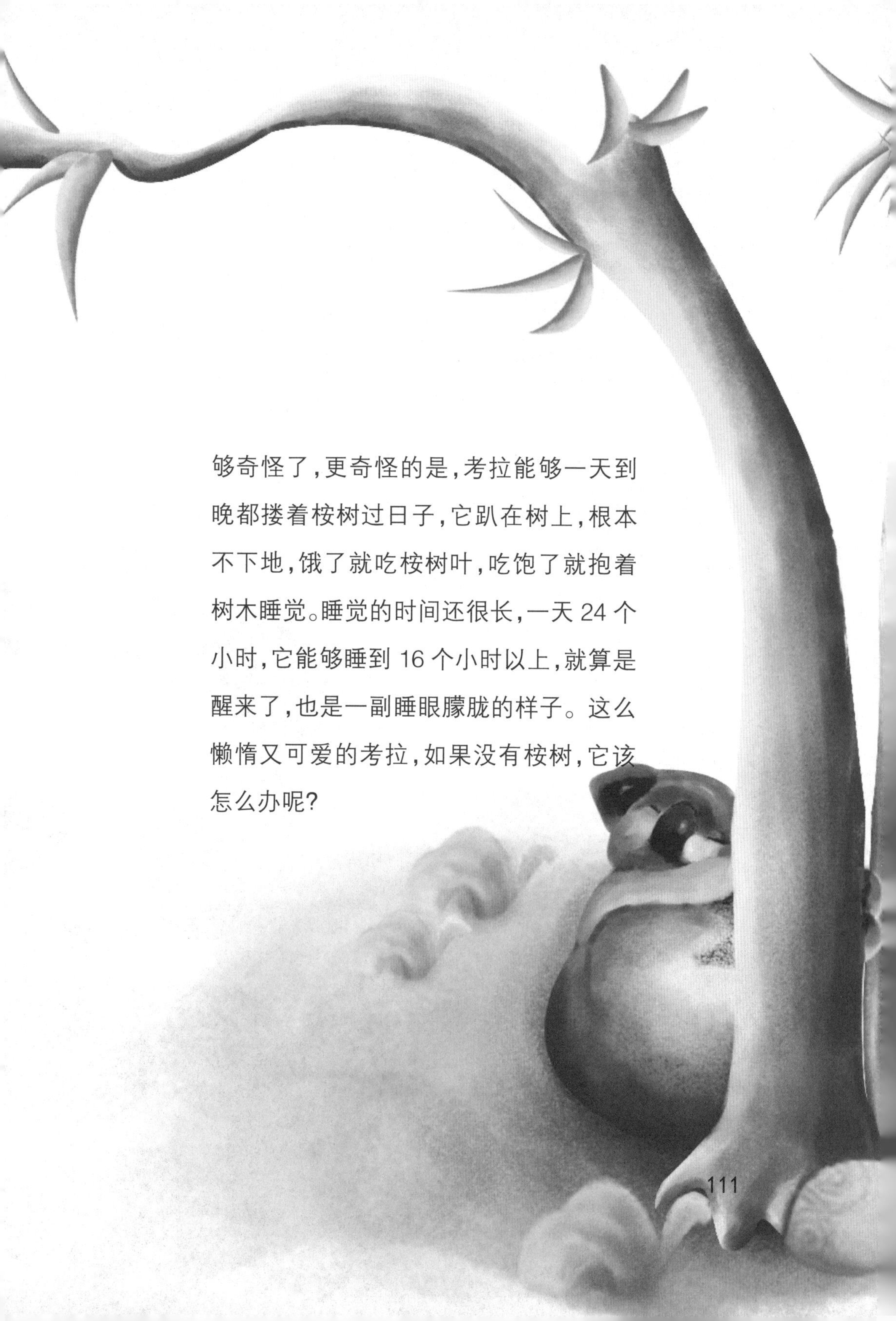

够奇怪了，更奇怪的是，考拉能够一天到晚都搂着桉树过日子，它趴在树上，根本不下地，饿了就吃桉树叶，吃饱了就抱着树木睡觉。睡觉的时间还很长，一天 24 个小时，它能够睡到 16 个小时以上，就算是醒来了，也是一副睡眼朦胧的样子。这么懒惰又可爱的考拉，如果没有桉树，它该怎么办呢？

熊猫和竹子的亲密友谊

被称为中国国宝的大熊猫，憨态可掬，十分可爱。大熊猫的食物主要是竹类植物。在大熊猫的分布地区，竹子的种类异常丰富多彩，诸如箭竹、冷箭竹、大箭竹、米汤竹、八月竹、水竹、紫竹、斑竹、慈竹等等。

大熊猫原本是食肉动物，后来改成吃竹子了。正因为有了这些种类繁多的竹子，大熊猫才得以生存和繁衍。

在古代，由于生态环境的良好，竹子家族非常旺盛，这就间接地给大熊猫提供了必要的食物，大熊猫也因此在一定程度上得以繁衍和生存。但是，随着社会经济的发展，工业文明的到来，对大熊猫所居住的地区带来很大的污染和破坏，最终把大熊猫逼到了山上。

山地之上，水源较少，这个区域十分不利于竹子的生长与繁殖，竹子的减少，对依赖于竹子为食物的熊猫是严重的威胁。更可怕的是，竹子种类也在大幅度减少，在有些地区，由于竹子有自身的生长周期，竹子的生命周期约 60 年，一到 60 年的关口，竹子就开花了，而竹子的开花其实也预兆着它的死亡。在《山海经》中就有“竹生花，其年便枯”的记载。

这样的年景，竹子因开花造成成片的竹林枯死。大熊猫的生存遇到了前所未有的挑战。1974 年至 1976 年间，位于甘肃省西南、四川省北部民资的竹子曾经发生过严重的开花枯死景象，造成几千平方公里的竹子枯死，这个时期，大量的大熊猫因为寻觅不到食物而死亡。

自然界的生物群都是环环相扣的，大熊猫和竹子就是一个鲜活的例子。

无花果和榕小蜂

榕属植物，又称无花果属。这种属内的植物的果实统称为无花果。无花果的构造非常独特，因为无花果属的植物都把花儿藏在花托内，这样花粉就无法通过风儿传播授粉。

当然，蜜蜂和蝴蝶也无法去承担传播花粉的重担，那么榕属植物又是如何进行传粉的呢？

神奇的大自然界中的植物，总有它独特的一面。榕属植物传粉

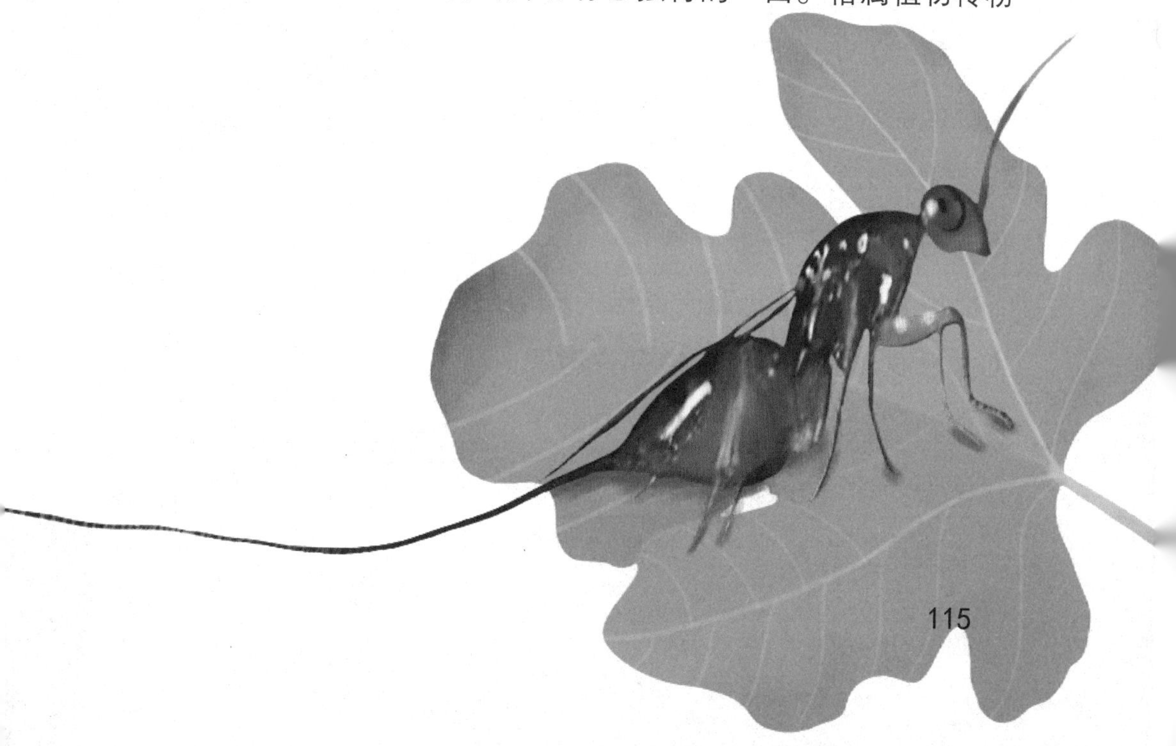

十分特殊，而且难度很高，所以大自然界专门请一种昆虫来帮助它们完成“传宗接代”的重任。特别之处还在于，每一种榕属植物都拥有自己独一无二的传粉昆虫，专门为它们的“传宗接代”提供帮助。

这类昆虫统称“榕小蜂”，“榕小蜂”是膜翅目小蜂总科无花果小蜂科昆虫的统称。它们的特征是身体细小，只有 2~3 毫米长；雌雄有很大的差别，雌榕小蜂浑身黑色，长有翅膀，尾部有一细长的产卵器官；雄榕小蜂体色大多呈白色或淡黄色，没有翅膀。

那么无花果和榕小蜂又是如何相处的呢？彼此之间又从对方那里得到了什么好处呢？这是一个需要解开的谜。

原来，榕属植物属于雌雄同株，而且雌花和雄花并不会在同一时间内开放，雌花先开，这时，已经怀上小宝宝的榕小蜂妈妈带着花粉钻进无花果内，在雌花中产卵形成“瘿

花”，“瘿花”就是因为花柱被虫卵排放在其上面，而发生异化而形成的一种瘤状物，因此“瘿花”又成为了榕小蜂幼虫的“房子”。

在这一段时间内，榕小蜂妈妈愉快地度过它当妈妈的时光，而榕小蜂宝宝却可以自由自在地在它们的房子——“瘿花”内成长。榕小蜂宝宝的成长并不需要榕小蜂妈妈提供食物，而是依靠无花果内的浆汁生活。

大约经过三个月的成长周期，榕小蜂宝宝开始钻出“瘿花”，而这些最先钻出来的榕小蜂宝宝多是雄榕小蜂，它们钻出“房子”之后的第一件事情，就是寻找它们心中的“公主”，当雄榕小蜂找到它们心仪的雌榕小蜂新娘时，雄榕小蜂和雌榕小蜂开始完婚。完婚过后的雄性榕小蜂则悲剧地死在无花果内，而刚怀上宝宝的榕小蜂妈妈则会孤独地带着花粉，从无花果的通道里，像它们的妈妈一样，去寻找新的培育榕小蜂宝宝的场所。

这个时期，正值无花果的雄花成熟时期，而新一代的榕小蜂妈妈则是带着花粉到来了。开始这孕育榕小蜂生命的又一轮循环。

在这一过程中，榕属植物借助于榕小蜂完成了它们有性生殖的过程，榕小蜂也得到了榕小蜂家族养育榕小蜂宝宝的场所——“瘿花”，在这里它们吃喝不愁，无花果源源不断地为它们提供住所和必备的食物。

蚁栖树和阿兹特克蚁

植物界并不是我们看到的那么简单，植物也会碰到危险，碰到困难，这个时候光靠某一株植物自己是不行的，它也需要帮手，需要朋友，这个帮手或朋友有可能是植物，也可能是动物。

难道植物跟动物也能交朋友？当然。老家在南美洲巴西的丛林深处生长着的一种蚁栖树，它的叶子很像蓖麻叶，这种树就有一个动物好朋友——阿兹特克蚁。

蚁栖树和阿兹特克蚁是怎样交起朋友的呢？这还要从蚁栖树的敌人说起——蚁栖树的敌人是一种叫做啮叶蚁的蚂蚁。

而啮叶蚁也是生长在这片森林里的住客。不过，啮叶蚁可是森林里的大害虫，它们成群结队地专吃各种树木的叶子。

因此，森林里的树木都很怕啮叶蚁这个坏家伙，可蚁栖树却一点儿都不怕，因为它的好朋友阿兹特克蚁在它身边呢，阿兹特克蚁是一个忠实的好朋友，每当啮叶蚁来侵犯蚁栖树叶子的时候，它们就会站起来战斗，坚决将啮叶蚁驱逐出蚁栖树的身体，使得蚁栖树可以安然无恙，健健康康地生存。

阿兹特克蚁帮蚁栖树赶走了坏家伙啮叶蚁，作为报答，蚁栖树给阿兹特克蚁提供住房和粮食。

阿兹特克蚁的住房就是蚁栖树的树干。光溜溜的树干怎么能够给阿兹特克蚁提供住处呢？其实蚁栖树的树干中空有节，就像竹子一样，茎干上还密密麻麻地布满了小孔，阿兹特克蚁就住在这些小孔里，可以躲避风吹雨打。

蚁栖树提供给阿兹特克蚁的粮食则是一种叫做“穆勒尔小体”的物质。这些“穆勒尔小体”生长在蚁栖树叶柄的底部，它的外形看起来很像小球，这些小球是由蛋白质和脂肪构成的，它能够给阿兹特克蚁提供丰富的营养。

阿兹特克蚁和蚁栖树可以说是互帮互助且配合良好的好朋友，由于它们之间的亲密合作，各自都取得了自己应有的报酬。而它们之间的这种关系就叫做“共生关系”。

日轮花和黑寡妇蜘蛛

在美丽的南美洲亚马逊河流域上，有着茂密的原始森林，还有广袤的沼泽地带，在这个天然的自然生态环境中，却有恐怖的一面，因为那儿生长着一种吃人的植物——日轮花。之所以叫它“日轮花”，是因为它的形状和齿轮相似。

日轮花，被人们称为“吃人魔王”。吃人并不是它亲自吃，而是有一个搭档，来共同完成这项“吃人”任务。

话还要从日轮花说起，这种花，不但长得妖艳，而且香气四溢，假使人们一旦遇到这种花，便会被“诱惑”，禁不住想走向前去，用手去触碰它。那么，日轮花的细长叶子(长度在一米左右)就像一条条爪子，立即向人围攻过来，紧紧地包围住走过来触碰它的人，并把人拖到潮湿的泥潭里。接下来，黑寡妇蜘蛛便登场了。这时，隐藏在日轮花身上的黑寡妇蜘蛛，就会以此“趁火打劫”，纷纷涌向倒在地上的人，进行咬食。

黑寡妇这种蜘蛛种类的最大特点就是有毒，在其上颚内有条毒腺，能分泌出一种叫做“神经性毒蛋白”毒液，当黑寡妇毒蜘蛛用螯肢把这种毒汁射入人体内，人就会被麻醉，失去反抗的力量。于是大量的黑寡妇毒蜘蛛都爬到人的躯体上进行咬食，人就会因此丧命。在这个过程中，双方都得到了极大的好处，日轮花帮助黑寡妇蜘蛛获取了食物，黑寡妇蜘蛛排出来的粪便可以给日轮花提供肥料。两者也是各取所需。

在南美洲居住的人们都知道，有日轮花的地方就会有黑寡妇毒蜘蛛，两者相互伴生，形影不离。因此，当人们远远地看到日轮花的时候，就会赶紧躲开。

植物也会报复

关键词：植物报复、咬人草、“库杜”羚羊、金合欢树、黑德木、落叶松、非洲“蛇树”、“飞鸟杀手”树、“恶魔角”

导　读：在长期的进化过程中，一些植物为了生存、繁衍，练成了一些特殊本领，从而提高了自身的安全。

咬人草与人类的爱恨情仇

在我国新疆地区，生长着一种奇怪的小草，它看起来是那么弱不禁风，但是，却拥有一个让人害怕的名字——咬人草。难道它真的会咬人吗?

其实咬人草又被人们称为荨麻，这种草不仅在新疆有，在我国的云南、四川、湖北和浙江等地都有分布。咬人草的叶子没有什么特别，暗绿的颜色，有点儿像被秋霜打过的菊花叶子，倒是它的茎跟普通的植物的茎不太一样，居然是四棱的。

虽然咬人草长相一般，但是它可不容许我们小视。这些小家伙有个极强的报复欲望，当人类或者其他动物不小心触碰到它的时候，它就会“咬”你，被咬人草“咬”过以后的皮肤就像蜜蜂蜇了一样难受。有的时候还会让你的皮肤红肿起来。

咬人草是靠什么来“咬”人的呢? 难道它也像动物们一样有嘴吗?其实咬人草是没有嘴的，它用来对付我们的工具不是别的，就是它那奇奇怪怪的四棱茎。这四棱茎上长满了蛰毛，这些蛰毛都是由咬人草的植物细胞加厚形成，基本上已经钙化。当我们触碰咬人草

的时候，它们就会用这些坚硬的螫毛刺我们。又因为这些螫毛上带有一些有毒的物质，所以我们的皮肤被咬人草“咬”过以后，会红肿、刺痛。

尽管咬人草“咬”人，可是这种草依然会受到很多人的喜欢，尤其是一些牧民。这是因为咬人草可以解蛇毒。牧民们在放牧的时候，如果被毒蛇咬伤的话，就会挖来一整株咬人草捣烂以后，敷在被毒蛇咬到的伤口上，伤口很快就会好了。

“库杜”羚羊的死亡之谜

在南非有很多值得观赏的农场，农场主们饲养很多稀有动物供人们观赏。有一次，几个农场主在自己的观赏农场养了一群名叫“库杜”的非洲羚羊供人们观赏。

然而，放养了没有多长时间，奇怪的事情就发生了。这些库杜羚羊接二连三地死去。眼看这些珍稀的羚羊们越来越少，农场主们非常心痛，想办法寻找这些羚羊死去的原因，可是经过好几天的调查，都没有任何结果。农场主们只好请科学家们过来帮忙。科学家们来到农场以后，便对周围的环境进行了一番详细的调查，他们发现，农场中一种名叫金合欢的树木“犯罪”嫌疑较大。

于是科学家们就拿金合欢树做了实验，果然发现它们就是害死“库杜”羚羊的罪魁祸首。

那么，金合欢树是如何害死羚羊的呢?

金合欢树是一种喜欢生活在热带的植物。这是一种花树，它的花朵是一个金黄色的小球，毛茸茸的，非常可爱，每到金合欢花盛开的时候，一朵朵金黄色的小花点缀着金合欢树，远远看去就像给这

种树披上了金黄色的彩霞，就给它起了动人的名字——金合欢树。然而，这样美丽的树木居然是杀死“库杜”羚羊的凶手，这是让农场主们接受不了的。但是事实却又摆在了眼前。那它们到底是怎么“作案”的呢?

原来，金合欢可以给自己的同类通风报信。当“库杜”羚羊们在吃一棵金合欢树上叶子的时候，这棵金合欢树感觉到自己受到了侵害，就立即作出反应，释放出一种名叫单宁酸的气体，这种气体有点儿特殊气味。

这棵金合欢树释放了单宁酸，相当于拉响了警报，其他的金合欢树接到警报以后，立即进入临战状态，增加单宁酸的浓度。单宁酸是一种低毒的物质，在金合欢树单宁酸浓度正常的情况下，是不会给羚羊们造成生命危险的，可是这些金合欢树在接到警报以后，浓度会大量增加，这样就威胁到了“库杜”羚羊的生命。

换一种方式说，“库杜”羚羊确实是因为金合欢树的“报复”而死亡的。

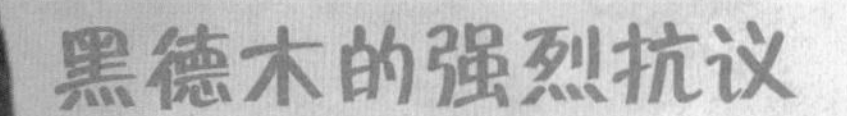

黑德木的强烈抗议

在植物的世界中，有很多植物既不能像咬人草那样能用“咬”的方法对付侵害者，也不能像金合欢树那样放毒，那么这些植物怎么来报复那些侵害者的呢？其实它们还可以用自己的特殊语言来表示抗议。有一种叫黑德木的山茶树就是用的这种方式。

黑德木是一种山茶树。这种树非常矫情，就连生活的地方也要挑上一挑。如果它生长在阳光充足、雨量充沛的云南哀牢山的主峰附近的话，就会长成高大的乔木。它的身材足以跟40多米高的铁杉争锋。但是如果不是生长在哀牢山的主峰地带的话，黑德木就不得不委屈自己长成小乔木，甚至跟灌木为伍。

更有意思的是，黑德木具有对侵害者的报复行为。黑德木虽然没有毒，但是如果有人胆敢侵犯它，它就会表示出强烈的抗议。比如，如果你要是砍伐黑德木的话，它们就会发出“突突突”的声音，就像汽车的轮胎被放气一样。而且时间还比较长，居然能达到四五分钟。在空寂的大森林里听到这样的怪声，你还敢继续砍伐吗？

落叶松的自我保护意识

被誉为“俄罗斯的良心”的著名作家索尔仁尼琴有一篇关于描写“落叶松”的文字，读来令人回味：

这是一种多么奇特的树啊！

无论我们何时见到它，它总是那么郁郁葱葱，枝繁叶茂。这么说，我是言过其实了？不，不是。当秋天来临时，周围的落叶松纷纷凋零，近乎死去。那么，是因为同病相怜？我不会离开你们的！即便没有我，我的落叶松同样会默默忍耐，任针叶凋零。针叶和谐而愉快地飘落下来，折射着太阳的光点。

也许是落叶松心太软，机体太脆弱？又错了：它的木质是世界上最坚硬的，不是随便一把斧子就能将它放倒，浮运时它不会肿胀，浸泡在水里它不会腐烂，反而愈益坚硬，如永恒的石头。

可是，每年，当暖意轻拂时，她都会如意外的赐予般重新回来，也许，我们还需略等一年，落叶松又会重新发芽，披挂着丝绸般的针叶又会回到自己人的怀抱。

要知道——有些人也像落叶松一样。

落叶松在索尔仁尼琴眼里是坚强者的象征。如果,仅从文化角度理解,的确如此。如果试图从另一方面去解释落叶松的“坚强性格”,则与植物的进化有关。

有科学家研究指出,在植物的进化过程中,它必须适应环境的变迁,而改变自身的生存技能,以便适合自然环境。

同样作为“坚强者”的象征的落叶松,它也会对于侵犯者给予致命的还击——生长在欧洲阿尔卑斯山深处的一种落叶松就有这种强烈的自我保护意识。当落叶松的幼苗刚刚从地表露出幼苗时,一些羊群就会把落叶松的幼苗蚕食殆尽。久而久之,落叶松便学会了自我保护——当它的幼苗在生长时,不是先长出鲜嫩的枝条,而是长出一种又锋利又坚硬的刺针, 当羊群来蚕食落叶松的幼苗时,这些坚硬无比的刺针就会刺痛羊的口腔,使其疼痛难忍,这样羊群就不敢再接近落叶松的幼苗了。

等到落叶松的树干长到超过羊的高度时,羊已经不能再轻易啃食落叶松时,落叶松才会重新抽出鲜嫩的枝条。

落叶松的这种自我保护行为,其实就是植物在长期进化过程中形成的一种特殊功能。从这个角度而言,在大自然界中,任何一种生物,无论动物,抑或植物,都一样会通过自身的进化,去适应整个生存大环境。

释放清醒剂的西红柿

西红柿又叫番茄，前人还给它取个特别诗意的名字叫做“喜报三元”。西红柿为什么又叫番茄呢?因为这家伙的原产地在大洋彼岸的墨西哥、秘鲁等地，直到 19 世纪西红柿才传入我国。

作为观赏用途的西红柿，其外形非常好看，尤其是西红柿成熟的时候，鲜红欲滴的果实搭配着翠绿的叶子，显得美丽诱人，所以有很多人又把西红柿拿过来当盆景养。可是你们知道吗? 把西红柿当盆景养在室内可不是闹着玩儿的，如果你照顾不好它的话，它会对你施加报复的。

因为，在西红柿的身体里边还有一种类似“清醒剂”的物质，这种物质估计跟兴奋剂差不多。如果在室内摆放观赏植物西红柿，假使养它的主人忘记给西红柿浇水的话，西红柿就会释放出“清醒剂”，告诉你它口渴了，要喝水!如果主人常常忘记给它浇水，那么这种“清醒剂”就会时常骚扰主人的睡眠。

其实不光西红柿，很多植物都会影响我们的睡眠，比如常春藤、虎尾兰等，都会让我们失眠，所以卧室中最好不要摆放这样的植物。

西红柿,在这里专指观赏性植物。作为观赏性植物,它深得爱好养花者的青睐。不过能够释放清醒剂的观赏西红柿,还是最好不要摆放在人经常休息的场所。

非洲“蛇树”的报复行为

在《西游记》中有一段非常有意思的故事——说的是唐僧师徒四人在往西天取经的路上遇到了一伙“树精”，其中有个“树精”为了对付猪八戒，居然用自己身上的枝条将猪八戒缠住了。看到这里你可能会问，世界上真有这种能将人缠住的树吗?

可以肯定地告诉你,这种树在世界上是确实存在的。它就生活在神奇的非洲大地上。

在神秘的非洲马达加斯加岛上生长着一种非常神秘的树。这种树从形状上看有点儿像热带的菠萝蜜树,不过它的个子远远没有菠萝蜜树的个子高,菠萝蜜树的个子一般能长到 15 米左右,而这种植物的个子却一般只有 3 米左右。

最有意思的是这种树的枝条。它们就像一条条"蛇"挂在树上,所以当地人们都管这种树叫"蛇树"。

如果光是枝条长得有些像蛇,还不能称之为神奇。更奇特的是这种"蛇树"保护自己的方法也特别像蛇。

我们都知道,当一条蛇受到侵害时,它除了咬噬侵略者外,很多时候是依靠自己又长又软的身体死死缠住对方,直到对方因为呼吸不畅而失去反抗的能力。你们知道吗?"蛇树"也是依靠这种方法来对抗侵犯自己的敌人。

如果你在马达加斯加岛上旅行的时候,一不小心碰到这些"蛇树"的树枝,这些树枝会像蛇一样把你死死缠住。它们"缠人"的方式跟蛇非常相似。

被这些枝条缠住的后果非常可怕的。如果幸运的话,只是让你脱一层皮;如果不幸的话,就有可能让你丢掉性命。

布尔塞拉树的射击行为

不得不说，植物的报复的行为是多种多样的。在植物界中，一些植物的报复行为要远远超过人类的想象。如果仅仅用“大千世界，无奇不有”来解释也远远不够。

在植物界中，有一种会发射“液态子弹”的植物，你或许不会相信这是真的。但是，在植物界中真真切切地存在着这样一种植物，它有一个很外国化的名字叫布尔塞拉树。

仅就名字判断，布尔塞拉树的生长地方应该在国外。的确如此，布尔塞拉树的老家就在中美洲，那里生长着整片的丛林，在丛林中，布尔塞拉树堪称射击高手。

一旦布尔塞拉树遭遇外部威胁或者有人对它进行伤害的时候，比如，有人敢于采摘它的枝条和叶子时，会遭遇它的“报复”——它的断口处会“喷射”出一种黏性液体。

这种黏性液体叫萜烯，萜烯属于一种化合物。它是一类广泛存在于植物体内的天然碳氢化合物，其最大的特点就是一个“黏”字。这种化合物的毒性虽然没有直接导致接触到它的生物中毒，却会因

为“黏”的因素，对伤害到布尔塞拉树的人或生物造成不必要的麻烦，乃至伤害。

布尔塞拉树的“射击”原理是这样的：它的体内各个部位都分布着细小的管道，这些细小的管道相互连接，形成一个高压管道网，而萜烯这种黏性化合物就分布在这些管道之中。如果布尔塞拉树受到伤害时，这些黏性物质便会在高压下喷射出来，粘到那些“侵略者”身上。据说这种黏性液体喷射距离可以达到 15 厘米。

布尔塞拉树不但会对付采摘它枝条和叶子的人类，它也会对付一些小动物。当一些小动物爬到它的叶子上面，蚕食它的叶子时，布尔塞拉树同样会快速释放出萜烯。用不了几秒钟的时间，这些萜烯就会占领半片叶子，甚至是占领整片叶子。而此时，爬到布尔塞拉树叶子上面的小动物，就会因为萜烯高度黏性，而无法动弹。

一些小动物会被萜烯牢牢粘住，直至窒息而死。而对于一些聪明的小动物而言，它们感到危险将要来临时，会迅速从布尔塞拉树的叶子上撤离，从而保住自己的小命。

事实上，布尔塞拉树的“射击”行为，也即自我防御行为，还告诉人们这样一个道理，在生物界的食物链条上，植物并非完全是处于被伤害或被蚕食的食物链底部，它有时一样会对食物链上部的动物们造成威胁和伤害。

飞鸟们的死敌："飞鸟杀手"树

除了中美洲的布尔塞拉树具有射击的本领以外，有一种被人们称为"飞鸟杀手"的弹树也是靠自己的射击本领来报复侵犯者的。

"飞鸟杀手"，一听这个名字，就知道这树的射击本领是专门用来对付小鸟的。"飞鸟杀手"这种弹树生长在布敦岛上，布敦岛位于印度尼西亚的苏拉威西省的东南部。在布敦岛的西部，那里有一大片森林，而被人们称为"飞鸟杀手"的这种弹树夹杂在这片树林中。

"飞鸟杀手""射击" 机关装置要比布尔塞拉树的射击装置巧妙得多。弹树的射击机关是在弹花的花苞上，这些弹花的花苞长在树干或者树枝交叉的地方，不仅如此，在花苞上还会长出一个钩状的树枝，这个钩状树枝的钩尖紧紧地钩住另一个弹树的花苞，这样就会形成一股比较强大的牵拉力。

当这些花苞到了开放的时候，生活在森林中的鸟儿们可就遭了殃。这些弹花开放的时候会散发出奇特的芳香，有些鸟儿受不了这些甜蜜的诱惑，就会碰弹花的花朵。这一碰便要了自己的性命。因为这鸟儿在触碰弹花的时候，就会不小心碰到那些被绷紧了钩尖。钩

尖被鸟儿触碰了以后，就会接着那股牵引力产生一股弹力，将触碰花朵的鸟儿弹死。

正是因为如此，每当初春弹花开放的季节，在布敦岛的森林中就会有很多人提着篮子到森林里去捡拾被弹花打落的鸟儿。

“恶魔角”的繁殖诡计

一提到“恶魔”这两个字，你们的脑海中可能都会浮现出一副恐怖、狰狞的面孔，相信肯定没有人把这两个字跟美丽的植物们联系在一起。可是，造物主偏偏出人意料地让这两个字跟一种植物联系在了一起，这种植物就是马尔台尼亚草。

马尔台尼亚草生活在非洲一望无垠的大草原上，其实这种草本身的外形跟“恶魔”这两个字没有什么联系，只是一种绿色植物而已。跟“恶魔”这两个字有联系的是马尔台尼亚草的果实。

首先，马尔台尼亚草的果实的长相就非常不好看，它的两端都是尖尖的，长得特别像山羊的两只尖锐的犄角，它的身上还长满针刺；从形状上看，这种草的果实就不是什么善类。有些人就把它们称为“恶魔角”。

其次，也是最重要的一点，它的威力是惊人的。马尔台尼亚草的果实成熟以后，就会从草上落下来隐藏在草丛当中。这相当于给生活在草原上的动物设置了一个陷阱。

非洲草原上最生猛的动物莫过于狮子了，可是狮子们一旦被

“恶魔角”缠上以后,竟然对这么个小果子毫无办法,最终被这个小果子活活地折磨死。怎么会这样呢?原来“恶魔角”会在狮子出没的地方隐藏,如果狮子在草丛中穿行的话,有的时候就会不小心踩在“恶魔角”的身上。踩中“恶魔角”的狮子的脚趾就会像被蝎子蛰了一样疼痛难忍,这个时候狮子就会迁怒于“恶魔角”,把整个“恶魔角”吞到肚子里。谁知道这样反而要了狮子的性命,因为“恶魔角”进入狮子的身体以后,就会像个钉子一样牢牢地钉在狮子的胃里,让狮子没有办法再吃其他食物,只能活活地被饿死。

“恶魔角”除了能对付狮子以外,当然也会对付长颈鹿等动物,当长颈鹿低着头吃地上草的时候,不小心触碰到“恶魔角”的话,“恶魔角”就会插入长颈鹿的鼻孔中,让长颈鹿因为疼痛发狂而死。

为什么“恶魔角”对动物们如此残忍呢? 很显然,这也是为了自己的生存,如果“恶魔角”不对这些动物残忍的话,就会被这些动物吃到肚子里,马尔台尼亚草也就没有办法繁殖了。其实“恶魔角”如此血腥,也只是为了自己生存而已。